24년 출간 교재　　25년 출간 교재

영역	과목	교재	예비 초등			1-2학년				3-4학년				5-6학년				예비중등	
쓰기력	국어	한글 바로 쓰기	P1	P2	P3														
			P1~3_활동 모음집																
	국어	맞춤법 바로 쓰기				1A	1B	2A	2B										
어휘력	전 과목	어휘				1A	1B	2A	2B	3A	3B	4A	4B	5A	5B	6A	6B		
	전 과목	한자 어휘				1A	1B	2A	2B	3A	3B	4A	4B	5A	5B	6A	6B		
	영어	파닉스				1		2											
	영어	영단어								3A	3B	4A	4B	5A	5B	6A	6B		
독해력	국어	독해	P1		P2	1A	1B	2A	2B	3A	3B	4A	4B	5A	5B	6A	6B		
	한국사	독해 인물편								1		2		3		4			
	한국사	독해 시대편								1		2		3		4			
계산력	수학	계산				1A	1B	2A	2B	3A	3B	4A	4B	5A	5B	6A	6B	7A	7B
교과서 문해력	전 과목	개념어 +서술어				1A	1B	2A	2B	3A	3B	4A	4B	5A	5B	6A	6B		
	사회	교과서 독해								3A	3B	4A	4B	5A	5B	6A	6B		
	과학	교과서 독해								3A	3B	4A	4B	5A	5B	6A	6B		
	수학	문장제 기본				1A	1B	2A	2B	3A	3B	4A	4B	5A	5B	6A	6B		
	수학	문장제 발전				1A	1B	2A	2B	3A	3B	4A	4B	5A	5B	6A	6B		
창의·사고력	전 영역	창의력 키우기	1	2	3	4													

※ * 초등학생을 위한 영역별 배경지식 함양 <완자 공부력> 시리즈는 2024년부터 출간됩니다.

* 완자 공부력 신간은 계속해서 출간됩니다.

세상이 변해도
배움의 즐거움은
변함없도록

시대는 빠르게 변해도
배움의 즐거움은
변함없어야 하기에

어제의 비상은
남다른 교재부터
결이 다른 콘텐츠
전에 없던 교육 플랫폼까지

변함없는 혁신으로
교육 문화 환경의 새로운 전형을
실현해왔습니다.

비상은 오늘, 다시 한번
새로운 교육 문화 환경을 실현하기 위한
또 하나의 혁신을 시작합니다.

오늘의 내가 어제의 나를 초월하고
오늘의 교육이 어제의 교육을 초월하여
배움의 즐거움을 지속하는 혁신,

바로, 메타인지 기반 완전 학습을.

상상을 실현하는 교육 문화 기업 비상

메타인지 기반 완전 학습

초월을 뜻하는 meta와 생각을 뜻하는 인지가 결합한 메타인지는
자신이 알고 모르는 것을 스스로 구분하고 학습계획을 세우도록 하는
궁극의 학습 능력입니다. 비상의 메타인지 기반 완전 학습 시스템은
잠들어 있는 메타인지를 깨워 공부를 100% 내 것으로 만들도록 합니다.

공부로 이끄는 힘!

완자 공부력

교과서
문해력 **수학 문장제** | 기본 | **6B**
6학년

수학 문장제 기본 단계별 구성

1A	1B	2A	2B	3A	3B
9까지의 수	100까지의 수	세 자리 수	네 자리 수	덧셈과 뺄셈	곱셈
여러 가지 모양	덧셈과 뺄셈 (1)	여러 가지 도형	곱셈구구	평면도형	나눗셈
덧셈과 뺄셈	여러 가지 모양	덧셈과 뺄셈	길이 재기	나눗셈	원
비교하기	덧셈과 뺄셈 (2)	길이 재기	시각과 시간	곱셈	분수
50까지의 수	시계 보기와 규칙 찾기	분류하기	표와 그래프	길이와 시간	들이와 무게
	덧셈과 뺄셈 (3)	곱셈	규칙 찾기	분수와 소수	자료의 정리

수학 교과서 전 단원, 전 영역 문장제 문제를
쉽게 익히고 연습하여 문제 해결력을 길러요!

4A	4B	5A	5B	6A	6B
큰 수	분수의 덧셈과 뺄셈	자연수의 혼합 계산	수의 범위와 어림하기	분수의 나눗셈	분수의 나눗셈
각도	삼각형	약수와 배수	분수의 곱셈	각기둥과 각뿔	소수의 나눗셈
곱셈과 나눗셈	소수의 덧셈과 뺄셈	규칙과 대응	합동과 대칭	소수의 나눗셈	공간과 입체
평면도형의 이동	사각형	약분과 통분	소수의 곱셈	비와 비율	비례식과 비례배분
막대 그래프	꺾은선 그래프	분수의 덧셈과 뺄셈	직육면체	여러 가지 그래프	원의 둘레와 넓이
규칙 찾기	다각형	다각형의 둘레와 넓이	평균과 가능성	직육면체의 부피와 겉넓이	원기둥, 원뿔, 구

특징과 활용법

준비하기
단원별 2쪽, 가볍게 몸풀기

문장제 준비하기

준비 계산으로 문장제 준비하기

 계산해 보세요.

❶ $\dfrac{4}{5} \div \dfrac{1}{5} =$
　분모가 같은 나누어 계산해요.

❷ $\dfrac{6}{7} \div \dfrac{2}{7} =$

❸ $\dfrac{7}{9} \div \dfrac{8}{9} =$

❹ $\dfrac{7}{8} \div \dfrac{5}{8} =$

❺ $\dfrac{10}{13} \div \dfrac{3}{13} =$

❻ $\dfrac{7}{8} \div \dfrac{1}{6} =$
　통분하여 분자끼리 나누어 계산하거나
　분수의 곱셈으로 나타내어 계산해요.

❼ $\dfrac{5}{6} \div \dfrac{7}{12} =$

❽ $\dfrac{1}{10} \div \dfrac{7}{5} =$

❾ $\dfrac{20}{11} \div \dfrac{5}{8} =$

❿ $\dfrac{10}{7} \div \dfrac{9}{4} =$

10

계산 문제나 기본 문제를
풀면서 개념을 확인해요!
잘 기억나지 않는 건
도움말을 보면서 떠올려요!

일차 학습
하루 4쪽, 문장제 학습

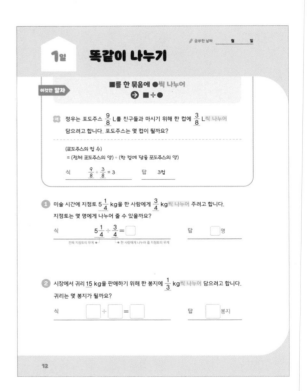

1일 똑같이 나누기

공부한 날짜　　월　　일

이것만 알자 ■를 한 묶음에 ●씩 나누어
➡ ■ ÷ ●

정우는 포도주스 $\dfrac{9}{8}$ L를 친구들과 마시기 위해 한 컵에 $\dfrac{3}{8}$ L씩 나누어
담으려고 합니다. 포도주스는 몇 컵이 될까요?

(포도주스의 컵 수)
= (전체 포도주스의 양) ÷ (한 컵에 담을 포도주스의 양)

식 $\dfrac{9}{8} \div \dfrac{3}{8} = 3$　　답 3컵

❶ 미술 시간에 지점토 $5\dfrac{1}{4}$ kg을 한 사람에게 $\dfrac{3}{4}$ kg씩 나누어 주려고 합니다.
지점토는 몇 명에게 나누어 줄 수 있을까요?

식 $5\dfrac{1}{4} \div \dfrac{3}{4} = \boxed{}$　　답 $\boxed{}$ 명

❷ 시장에서 귀리 15 kg을 판매하기 위해 한 봉지에 $\dfrac{1}{3}$ kg씩 나누어 담으려고 합니다.
귀리는 몇 봉지가 될까요?

식 $\boxed{} \div \boxed{} = \boxed{}$　　답 $\boxed{}$ 봉지

12

하루에 4쪽만 공부하면 끝!
이것만 알자 속 내용만 기억하면
풀이가 술술~

실력 확인하기
단원별 마무리하기와 총정리 실력 평가

마무리하기

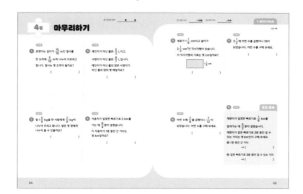

앞에서 배운 문제를
풀면서 실력을 확인해요.
조금 더 어려운 도전 문제까지
성공하면 최고!

실력 평가

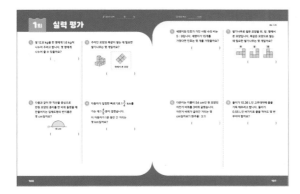

한 권을 모두 끝낸 후엔
실력 평가로 내 실력을 점검해요!
6개 이상 맞혔으면
발전편으로 GO!

정답과 해설

정답과 해설을 빠르게 확인하고,
틀린 문제는 다시 풀어요!
QR을 찍으면 모바일로도
정답을 확인할 수 있어요!

차례

1 분수의 나눗셈

준비
계산으로
문장제 준비하기

1일차

✦ 똑같이 나누기

✦ 몇 배인지 구하기

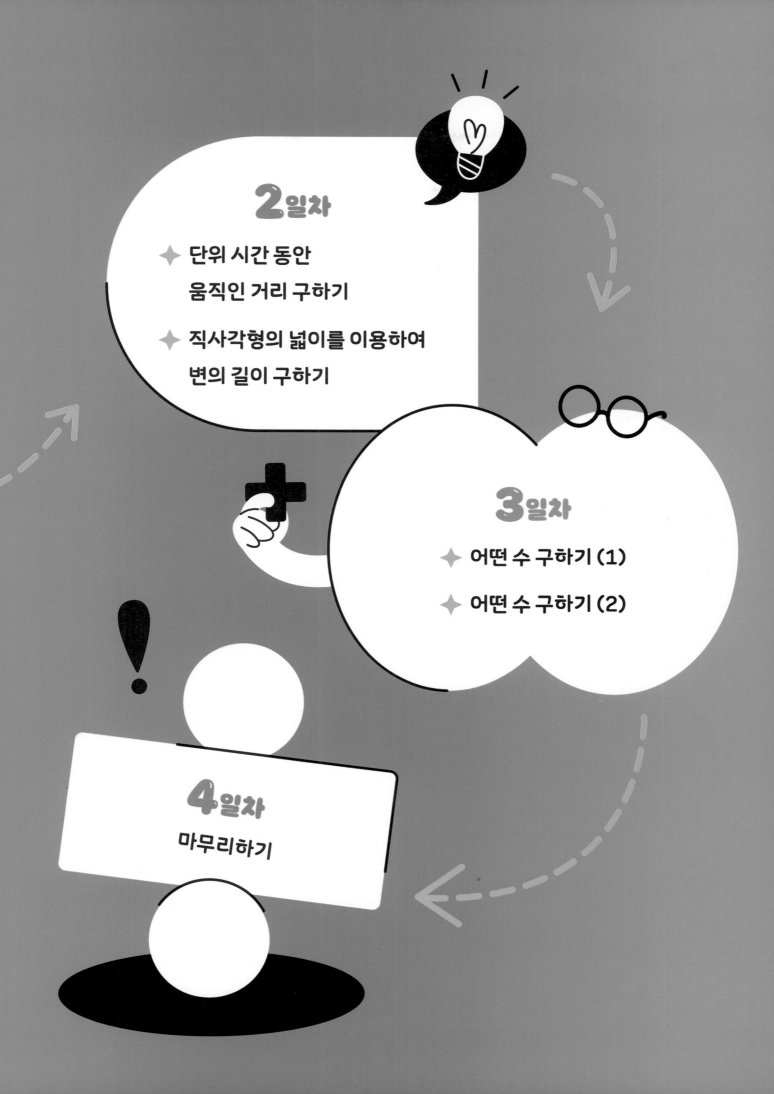

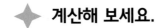

◆ 계산해 보세요.

1 $\dfrac{4}{5} \div \dfrac{1}{5} =$

└─● 분자끼리 나누어 계산해요.

2 $\dfrac{6}{7} \div \dfrac{2}{7} =$

3 $\dfrac{7}{9} \div \dfrac{8}{9} =$

4 $\dfrac{7}{8} \div \dfrac{5}{8} =$

5 $\dfrac{10}{13} \div \dfrac{3}{13} =$

6 $\dfrac{7}{8} \div \dfrac{1}{6} =$

└─● 통분하여 분자끼리 나누어 계산하거나
분수의 곱셈으로 나타내어 계산해요.

7 $\dfrac{5}{6} \div \dfrac{7}{12} =$

8 $\dfrac{1}{10} \div \dfrac{7}{5} =$

9 $\dfrac{20}{11} \div \dfrac{5}{8} =$

10 $\dfrac{10}{7} \div \dfrac{9}{4} =$

정답 2쪽

11 $6 \div \dfrac{3}{11} =$

└ 자연수를 분수로 나타내어 통분하여 계산하거나 분수의 곱셈으로 나타내어 계산해요.

12 $4 \div \dfrac{9}{10} =$

13 $3 \div \dfrac{5}{6} =$

14 $2 \div \dfrac{8}{7} =$

15 $3 \div \dfrac{9}{2} =$

16 $12 \div \dfrac{5}{3} =$

17 $1\dfrac{5}{6} \div \dfrac{1}{6} =$

└ 대분수를 가분수로 바꾸어 계산해요.

18 $2\dfrac{4}{9} \div \dfrac{4}{9} =$

19 $5\dfrac{1}{2} \div \dfrac{5}{4} =$

20 $2\dfrac{1}{3} \div 1\dfrac{5}{9} =$

21 $6\dfrac{2}{5} \div 9\dfrac{1}{2} =$

22 $9\dfrac{3}{4} \div 2\dfrac{3}{5} =$

1일 똑같이 나누기

■를 한 묶음에 ●씩 나누어
→ ■ ÷ ●

예　정우는 포도주스 $\dfrac{9}{8}$ L를 친구들과 마시기 위해 한 컵에 $\dfrac{3}{8}$ L씩 나누어

담으려고 합니다. 포도주스는 몇 컵이 될까요?

- -

(포도주스의 컵 수)

= (전체 포도주스의 양) ÷ (한 컵에 담을 포도주스의 양)

식　　$\dfrac{9}{8} \div \dfrac{3}{8} = 3$　　　　답　　3컵

---

1 미술 시간에 지점토 $5\dfrac{1}{4}$ kg을 한 사람에게 $\dfrac{3}{4}$ kg씩 나누어 주려고 합니다.

지점토는 몇 명에게 나누어 줄 수 있을까요?

식　　　$5\dfrac{1}{4} \div \dfrac{3}{4} = \boxed{}$　　　　답　$\boxed{}$ 명

전체 지점토의 무게 ●　　　●한 사람에게 나누어 줄 지점토의 무게

---

2 시장에서 귀리 15 kg을 판매하기 위해 한 봉지에 $\dfrac{1}{3}$ kg씩 나누어 담으려고 합니다.

귀리는 몇 봉지가 될까요?

식　$\boxed{} \div \boxed{} = \boxed{}$　　　　답　$\boxed{}$ 봉지

왼쪽 ① , ② 번과 같이 문제의 핵심 부분에 색칠하고,
계산해야 하는 두 수에 <u>밑줄</u>을 그어 문제를 풀어 보세요.

정답 2쪽

3 서은이는 길이가 $\dfrac{10}{11}$ m인 가래떡을 한 도막에

$\dfrac{2}{11}$ m씩 나누어 자르려고 합니다. 가래떡은 몇

도막이 될까요?

식 _____

답 _____

4 민정이가 약수터에서 받은 물 $6\dfrac{2}{5}$ L를 한 통에 $1\dfrac{3}{5}$ L씩 나누어 담으려고 합니다.

물은 몇 통이 될까요?

식 _____   답 _____

5 과학 실험을 하기 위해 모래 $\dfrac{5}{3}$ kg을 수조 한 개에 $\dfrac{5}{12}$ kg씩 나누어 담으려고

합니다. 모래는 몇 개의 수조에 나누어 담을 수 있을까요?

식 _____   답 _____

몇 배인지 구하기

■는 ●의 몇 배인가? → ■÷●

예 가방의 무게는 $2\frac{2}{3}$ kg이고, 신발주머니의 무게는 $\frac{3}{5}$ kg입니다.

가방의 무게는 신발주머니의 무게의 몇 배일까요?

가방의 무게는 신발주머니의 무게의 몇 배인지 물었으므로

가방의 무게를 신발주머니의 무게로 나눕니다.

식 $2\frac{2}{3} \div \frac{3}{5} = 4\frac{4}{9}$ **답** $4\frac{4}{9}$배

---

1 계산기의 무게는 $\frac{7}{40}$ kg이고, 필통의 무게는 $\frac{1}{8}$ kg입니다.

계산기의 무게는 필통의 무게의 몇 배일까요?

식 $\dfrac{7}{40} \div \dfrac{1}{8} = \boxed{}$ **답** $\boxed{}$배

계산기의 무게 ●——   └——● 필통의 무게

2 빨간 리본의 길이는 $\frac{5}{8}$ m이고, 초록 리본의 길이는 $\frac{1}{6}$ m입니다.

빨간 리본의 길이는 초록 리본의 길이의 몇 배일까요?

식 $\boxed{} \div \boxed{} = \boxed{}$ **답** $\boxed{}$배

정답 3쪽

왼쪽 ❶, ❷번과 같이 문제의 핵심 부분에 색칠하고,
계산해야 하는 두 수에 밑줄을 그어 문제를 풀어 보세요.

3 냉장고에 있는 우유는 3 L이고, 주스는 $\frac{6}{5}$ L입니다.
우유의 양은 주스의 양의 몇 배일까요?

식 _____

답 _____

4 집에서 수영장까지의 거리는 $1\frac{1}{2}$ km이고, 집에서 공원까지의 거리는
$2\frac{8}{9}$ km입니다. 집에서 수영장까지의 거리는 집에서 공원까지의 거리의
몇 배일까요?

식 _____   답 _____

5 정윤이의 몸무게는 $46\frac{1}{5}$ kg이고, 동생의 몸무게는 $37\frac{5}{7}$ kg입니다.
정윤이의 몸무게는 동생의 몸무게의 몇 배일까요?

식 _____   답 _____

2일 단위 시간 동안 움직인 거리 구하기

이것만 알자 ▶

일정한 빠르기로 1분 동안 간 거리는?
➡ (전체 거리) ÷ (걸린 시간(분))

예　택시가 일정한 빠르기로 $\dfrac{8}{7}$ km를 가는 데 $\dfrac{5}{4}$ 분이 걸렸습니다.

이 택시가 1분 동안 간 거리는 몇 km일까요?

(1분 동안 간 거리) = (전체 거리) ÷ (걸린 시간)

식　$\dfrac{8}{7} \div \dfrac{5}{4} = \dfrac{32}{35}$　　　답　$\dfrac{32}{35}$ km

---

1　버스가 일정한 빠르기로 $\dfrac{5}{3}$ km를 가는 데 $\dfrac{5}{2}$ 분이 걸렸습니다.

이 버스가 1분 동안 간 거리는 몇 km일까요?

식　$\dfrac{5}{3} \div \dfrac{5}{2} = \boxed{}$　　　답　$\boxed{}$ km

전체 거리 ●　　● 걸린 시간

2　지민이가 일정한 빠르기로 $\dfrac{7}{15}$ km를 달려가는 데 $\dfrac{8}{3}$ 분이 걸렸습니다.

지민이가 1분 동안 간 거리는 몇 km일까요?

식　$\boxed{} \div \boxed{} = \boxed{}$　　　답　$\boxed{}$ km

왼쪽 ❶, ❷번과 같이 문제의 핵심 부분에 색칠하고,
계산해야 하는 두 수에 밑줄을 그어 문제를 풀어 보세요.

정답 3쪽

3 달팽이가 일정한 빠르기로 $\dfrac{2}{15}$ m를 기어가는 데 $\dfrac{6}{5}$분이 걸렸습니다.

이 달팽이가 1분 동안 간 거리는 몇 m일까요?

식 _____ 답 _____

4 마라톤 선수가 일정한 빠르기로 $2\dfrac{3}{5}$ km를

달려가는 데 $7\dfrac{1}{2}$분이 걸렸습니다. 이 마라톤

선수가 1분 동안 간 거리는 몇 km일까요?

식 _____

답 _____

5 기차가 일정한 빠르기로 $16\dfrac{1}{2}$ km를 가는 데 $\dfrac{7}{2}$분이 걸렸습니다.

이 기차가 1분 동안 간 거리는 몇 km일까요?

식 _____ 답 _____

직사각형의 넓이를 이용하여 변의 길이 구하기

이것만 알자 ▶ **(가로) = (직사각형의 넓이) ÷ (세로)**

예 세로가 $\frac{5}{7}$ cm이고 넓이가 $\frac{25}{28}$ cm²인 직사각형이 있습니다. 이 직사각형의 가로는 몇 cm일까요?

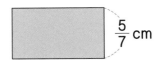

(가로)

= (직사각형의 넓이) ÷ (세로)

식 $\frac{25}{28} \div \frac{5}{7} = 1\frac{1}{4}$

답 $1\frac{1}{4}$ cm

세로는 직사각형의 넓이를 가로로 나누어 구할 수 있어요.

---

1 세로가 $\frac{2}{9}$ cm이고 넓이가 $\frac{2}{15}$ cm²인 직사각형이 있습니다. 이 직사각형의 가로는 몇 cm일까요?

식 $\frac{2}{15} \div \frac{2}{9} = \boxed{}$

직사각형의 넓이 ●──┘   └── ● 세로

답 $\boxed{}$ cm

---

2 세로가 $1\frac{1}{8}$ cm이고 넓이가 $2\frac{5}{8}$ cm²인 직사각형이 있습니다. 이 직사각형의 가로는 몇 cm일까요?

식 $\boxed{} \div \boxed{} = \boxed{}$

답 $\boxed{}$ cm

왼쪽 ❶, ❷번과 같이 문제의 핵심 부분에 색칠하고,
계산해야 하는 두 수에 밑줄을 그어 문제를 풀어 보세요.

정답 4쪽

❸ 세로가 $1\frac{3}{4}$ cm이고 넓이가 $1\frac{11}{24}$ cm²인 직사각형이 있습니다.
이 직사각형의 가로는 몇 cm일까요?

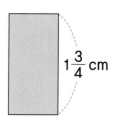

$1\frac{3}{4}$ cm

식 _____ 답 _____

❹ 가로가 $\frac{4}{3}$ cm이고 넓이가 $\frac{14}{15}$ cm²인 직사각형이 있습니다.
이 직사각형의 세로는 몇 cm일까요?

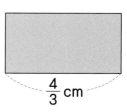

$\frac{4}{3}$ cm

식 _____ 답 _____

❺ 가로가 $\frac{25}{6}$ cm이고 넓이가 15 cm²인 직사각형이 있습니다.
이 직사각형의 세로는 몇 cm일까요?

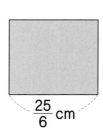

$\frac{25}{6}$ cm

식 _____ 답 _____

3일 어떤 수 구하기 (1)

이것만 알자

어떤 수(□)에 ▲를 곱했더니 ● ➡ □×▲=●
나눗셈식으로 나타내면 ➡ ●÷▲=□

예 어떤 수에 $\dfrac{4}{9}$ 를 곱했더니 $\dfrac{1}{3}$ 이 되었습니다. 어떤 수를 구해 보세요.

어떤 수를 □라 하여 곱셈식을 세운 다음,
곱셈식을 나눗셈식으로 나타내어 어떤 수를 구합니다.

$$□ \times \dfrac{4}{9} = \dfrac{1}{3} \Rightarrow \dfrac{1}{3} \div \dfrac{4}{9} = □, \ □ = \dfrac{3}{4}$$

답　　$\dfrac{3}{4}$

1 어떤 수에 $\dfrac{8}{11}$ 을 곱했더니 $\dfrac{32}{55}$ 가 되었습니다. 어떤 수를 구해 보세요.

풀이

어떤 수
$$■ \times \dfrac{8}{11} = \dfrac{32}{55}$$
$$\Rightarrow \dfrac{32}{55} \div \dfrac{8}{11} = ■, \ ■ = \boxed{}$$

답　$\boxed{}$

2 어떤 수에 $1\dfrac{2}{3}$ 를 곱했더니 $3\dfrac{4}{7}$ 가 되었습니다. 어떤 수를 구해 보세요.

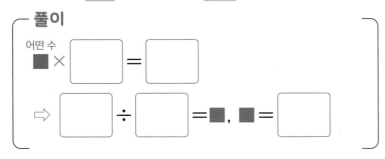

풀이

어떤 수
$$■ \times \boxed{} = \boxed{}$$
$$\Rightarrow \boxed{} \div \boxed{} = ■, \ ■ = \boxed{}$$

답　$\boxed{}$

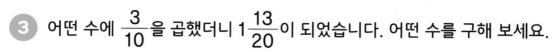

정답 4쪽

3 어떤 수에 $\dfrac{3}{10}$ 을 곱했더니 $1\dfrac{13}{20}$ 이 되었습니다. 어떤 수를 구해 보세요.

풀이

답 _____

4 어떤 수에 $\dfrac{4}{17}$ 를 곱했더니 2가 되었습니다. 어떤 수를 구해 보세요.

풀이

답 _____

5 어떤 수에 $\dfrac{8}{7}$ 을 곱했더니 $1\dfrac{1}{21}$ 이 되었습니다. 어떤 수를 구해 보세요.

풀이

답 _____

어떤 수 구하기 (2)

▲에 어떤 수(□)를 곱했더니 ● ➡ ▲×□=●
나눗셈식으로 나타내면 ➡ ●÷▲=□

예 $\frac{6}{7}$에 어떤 수를 곱했더니 $\frac{8}{21}$이 되었습니다. 어떤 수를 구해 보세요.

어떤 수를 □라 하여 곱셈식을 세운 다음,
곱셈식을 나눗셈식으로 나타내어 어떤 수를 구합니다.

$$\frac{6}{7} \times \square = \frac{8}{21} \Rightarrow \frac{8}{21} \div \frac{6}{7} = \square, \square = \frac{4}{9}$$

답 $\frac{4}{9}$

1 $\frac{5}{12}$에 어떤 수를 곱했더니 $\frac{15}{64}$가 되었습니다. 어떤 수를 구해 보세요.

풀이

$$\frac{5}{12} \times \blacksquare^{\text{어떤 수}} = \frac{15}{64}$$

$$\Rightarrow \frac{15}{64} \div \frac{5}{12} = \blacksquare, \blacksquare = \boxed{}$$

답 □

2 $7\frac{1}{3}$에 어떤 수를 곱했더니 $6\frac{1}{9}$이 되었습니다. 어떤 수를 구해 보세요.

풀이

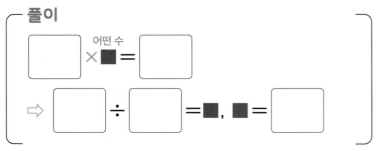

답 □

왼쪽 ❶, ❷번과 같이 문제의 핵심 부분에 색칠하고,
계산해야 하는 두 수에 밑줄을 그어 문제를 풀어 보세요.

정답 5쪽

3 $\dfrac{4}{15}$ 에 어떤 수를 곱했더니 $\dfrac{8}{35}$ 이 되었습니다. 어떤 수를 구해 보세요.

> **풀이**
>
> 답 _____

4 $\dfrac{9}{4}$ 에 어떤 수를 곱했더니 15가 되었습니다. 어떤 수를 구해 보세요.

> **풀이**
>
> 답 _____

5 $1\dfrac{2}{9}$ 에 어떤 수를 곱했더니 $2\dfrac{7}{24}$ 이 되었습니다. 어떤 수를 구해 보세요.

> **풀이**
>
> 답 _____

4일 마무리하기

12쪽

1 준영이는 길이가 $\frac{15}{16}$ m인 철사를 한 도막에 $\frac{5}{16}$ m씩 나누어 자르려고 합니다. 철사는 몇 도막이 될까요?

(   )

12쪽

2 쌀 $1\frac{5}{9}$ kg을 한 사람에게 $\frac{2}{9}$ kg씩 나누어 주려고 합니다. 쌀은 몇 명에게 나누어 줄 수 있을까요?

(   )

14쪽

3 예진이가 마신 물은 $\frac{5}{3}$ L이고, 서영이가 마신 물은 $\frac{8}{7}$ L입니다. 예진이가 마신 물의 양은 서영이가 마신 물의 양의 몇 배일까요?

(   )

16쪽

4 자동차가 일정한 빠르기로 2 km를 가는 데 $\frac{9}{4}$ 분이 걸렸습니다. 이 자동차가 1분 동안 간 거리는 몇 km일까요?

(   )

정답 5쪽

18쪽

5 세로가 $1\dfrac{1}{9}$ cm이고 넓이가

$2\dfrac{1}{3}$ cm²인 직사각형이 있습니다.

이 직사각형의 가로는 몇 cm일까요?

$1\dfrac{1}{9}$ cm

(   )

20쪽

6 어떤 수에 $\dfrac{7}{9}$ 을 곱했더니 $\dfrac{7}{12}$ 이

되었습니다. 어떤 수를 구해 보세요.

(   )

22쪽

7 $3\dfrac{1}{2}$ 에 어떤 수를 곱했더니 18이

되었습니다. 어떤 수를 구해 보세요.

(   )

8 16쪽   **도전 문제**

채원이가 일정한 빠르기로 $\dfrac{1}{6}$ km를

달려가는 데 $\dfrac{5}{2}$ 분이 걸렸습니다.

채원이가 같은 빠르기로 3분 동안 갈 수

있는 거리는 몇 km인지 구해 보세요.

❶ 1분 동안 간 거리

→ (   )

❷ 같은 빠르기로 3분 동안 갈 수 있는 거리

→ (   )

2 소수의 나눗셈

준비
계산으로
문장제 준비하기

5일차

◆ 똑같이 나누기

◆ 몇 배인지 구하기

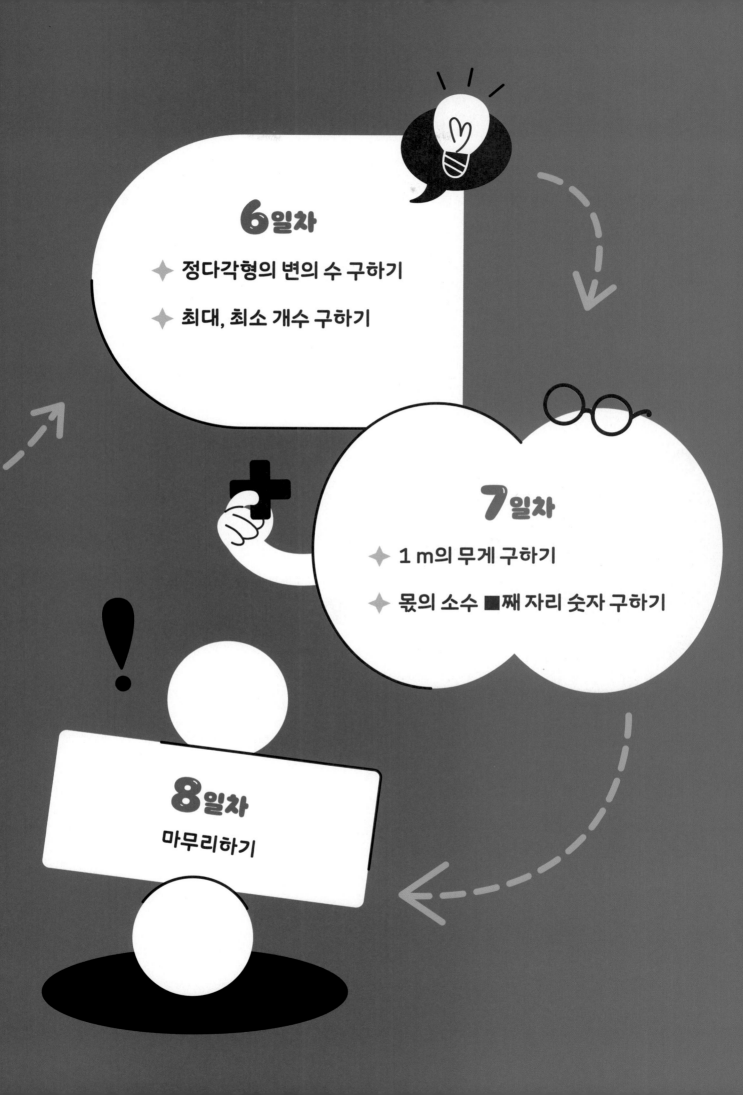

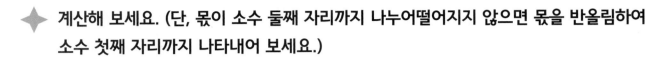

계산해 보세요. (단, 몫이 소수 둘째 자리까지 나누어떨어지지 않으면 몫을 반올림하여
소수 첫째 자리까지 나타내어 보세요.)

1

$$
\begin{array}{r}
9 \\
0.6\,)\overline{\,5.4} \\
5\ 4 \\
\hline
0
\end{array}
$$

→ 나누어지는 수와 나누는 수의 소수점을 똑같이 옮겨서 계산해요.

2

$$
1.59\,)\overline{\,6.3\ 6}
$$

3

$$
\begin{array}{r}
5\ 0 \\
0.09\,)\overline{\,4.5\ 0} \\
4\ 5 \\
\hline
0
\end{array}
$$

→ 나누는 수가 자연수가 되도록 소수점을 똑같이 옮겨서 계산해요.

4

$$
2.35\,)\overline{\,9.4}
$$

5

$$
1.5\,)\overline{\,8.2\ 5}
$$

6

$$
6.5\,)\overline{\,5\ 2}
$$

7

$$
\begin{array}{r}
0.4\ 2 \cdots\cdots \\
0.7\,)\overline{\,0.3\ 0\ 0} \\
2\ 8 \\
\hline
2\ 0 \\
1\ 4 \\
\hline
6
\end{array}
$$

→ 몫이 간단한 소수로 구해지지 않을 경우 몫을 반올림하여 나타내요.

⇨ (　　　　0.4　　　　)

8

$$
1.9\,)\overline{\,2.3\ 1}
$$

⇨ (　　　　　　　　)

정답 6쪽

9 $9.1 \div 1.3 =$

10 $4.6 \div 0.2 =$

11 $24.18 \div 0.78 =$

12 $3.4 \div 0.85 =$

13 $9.7 \div 1.94 =$

14 $20.16 \div 6.3 =$

15 $170 \div 6.8 =$

16 $21 \div 1.75 =$

17 $39 \div 1.56 =$

18 $3.1 \div 0.6 =$

⇨ (   )

19 $9.8 \div 1.1 =$

⇨ (   )

20 $3.95 \div 2.3 =$

⇨ (   )

5일 똑같이 나누기

이것만 알자

■를 한 묶음에 ●씩 나누어
→ ■ ÷ ●

예 지점토 3.08 kg을 한 명에게 0.44 kg씩 나누어 주려고 합니다. 몇 명에게 나누어 줄 수 있을까요?

- -

(나누어 줄 수 있는 사람 수)

= (전체 지점토의 무게) ÷ (한 명에게 나누어 줄 지점토의 무게)

식　　　3.08 ÷ 0.44 = 7　　　　답　　　7명

---

1 음료수 18.6 L를 한 명에게 0.3 L씩 나누어 주려고 합니다. 몇 명에게 나누어 줄 수 있을까요?

식　　　　　　18.6 ÷ 0.3 = ☐　　　　　　답　　☐ 명

전체 음료수의 양 ●┘　　└● 한 명에게 나누어 줄 음료수의 양

---

2 참기름 2.16 L를 병 한 개에 0.24 L씩 나누어 담으려고 합니다. 병 몇 개에 나누어 담을 수 있을까요?

식　　☐ ÷ ☐ = ☐　　　　　답　　☐ 개

정답 6쪽

왼쪽 ❶, ❷번과 같이 문제의 핵심 부분에 색칠하고,
계산해야 하는 두 수에 밑줄을 그어 문제를 풀어 보세요.

3 끈 26.4 m를 한 명에게 2.4 m씩 나누어 주려고 합니다. 몇 명에게 나누어 줄 수 있을까요?

식 _____ 답 _____

4 고춧가루 80 kg을 봉지 한 개에 3.2 kg씩 나누어 담으려고 합니다. 봉지 몇 개에 나누어 담을 수 있을까요?

식 _____ 답 _____

5 매실 68.4 kg을 상자 한 개에 5.7 kg씩 나누어 담으려고 합니다. 상자 몇 개에 나누어 담을 수 있을까요?

식 _____

답 _____

몇 배인지 구하기

■는 ●의 몇 배인가? ➔ ■ ÷ ●

예 어느 수목원에 있는 잣나무의 높이는 26.18 m이고, 벚나무의 높이는 15.4 m입니다. 잣나무의 높이는 벚나무의 높이의 몇 배일까요?

잣나무의 높이는 벚나무의 높이의 몇 배인지 물었으므로
잣나무의 높이를 벚나무의 높이로 나눕니다.

식 $26.18 \div 15.4 = 1.7$ **답**   1.7배

---

1 지훈이의 발 길이는 25.8 cm이고, 동생의 발 길이는 21.5 cm입니다.
지훈이의 발 길이는 동생의 발 길이의 몇 배일까요?

식 $25.8 \div 21.5 = \boxed{}$ **답** $\boxed{}$ 배

         지훈이의 발 길이 ●┘   └● 동생의 발 길이

---

2 어느 동물원에 있는 사자의 무게는 218.75 kg이고, 치타의 무게는 62.5 kg입니다. 사자의 무게는 치타의 무게의 몇 배일까요?

식 $\boxed{} \div \boxed{} = \boxed{}$ **답** $\boxed{}$ 배

왼쪽 ❶, ❷번과 같이 문제의 핵심 부분에 색칠하고,
계산해야 하는 두 수에 밑줄을 그어 문제를 풀어 보세요.

3 털실의 길이는 11.4 m이고, 철사의 길이는 0.6 m입니다. 털실의 길이는 철사의 길이의 몇 배일까요?

식 _____   답 _____

4 어느 높이뛰기 선수의 1회 기록은 2.09 m이고, 2회 기록은 1.9 m입니다. 이 선수의 1회 기록은 2회 기록의 몇 배일까요?

식 _____

답 _____

5 시윤이는 물을 샤워하는 데 31 L, 양치하는 데 2.4 L 사용했습니다. 샤워하는 데 사용한 물의 양은 양치하는 데 사용한 물의 양의 몇 배인지 반올림하여 소수 첫째 자리까지 나타내어 보세요.

식 _____   답 _____

6일   정다각형의 변의 수 구하기

> **이것만 알자** ▶ **(변의 수) = (정다각형의 둘레) ÷ (한 변의 길이)**

예 현민이는 철사 1.5 m를 겹치지 않게 모두 사용하여 한 변의 길이가 0.25 m인 정다각형을 한 개 만들었습니다. 만든 정다각형의 변의 수는 몇 개일까요?

- -

(변의 수)

= (정다각형의 둘레) ÷ (한 변의 길이)

식   1.5 ÷ 0.25 = 6   답   6개

---

1 시은이는 철사 1.14 m를 겹치지 않게 모두 사용하여 한 변의 길이가 0.38 m인 정다각형을 한 개 만들었습니다. 만든 정다각형의 변의 수는 몇 개일까요?

식   1.14 ÷ 0.38 = ☐   답   ☐ 개

     정다각형의 둘레 ●⌐   └● 한 변의 길이

---

2 지환이는 철사 38 cm를 겹치지 않게 모두 사용하여 한 변의 길이가 7.6 cm인 정다각형을 한 개 만들었습니다. 만든 정다각형의 변의 수는 몇 개일까요?

식   ☐ ÷ ☐ = ☐   답   ☐ 개

왼쪽 ①, ② 번과 같이 문제의 핵심 부분에 색칠하고,
계산해야 하는 두 수에 밑줄을 그어 문제를 풀어 보세요.

정답 7쪽

③ 수연이는 철사 3.6 m를 겹치지 않게 모두 사용하여 한 변의 길이가 0.45 m인
정다각형을 한 개 만들었습니다. 만든 정다각형의 변의 수는 몇 개일까요?

식 _____ 답 _____

④ 윤호는 철사 70 cm를 겹치지 않게 모두 사용하여 한 변의 길이가 17.5 cm인
정다각형을 한 개 만들었습니다. 만든 정다각형의 변의 수는 몇 개일까요?

식 _____ 답 _____

⑤ 채윤이는 철사 1.44 m를 겹치지 않게 모두 사용하여 한 변의 길이가 0.16 m인
정다각형을 한 개 만들었습니다. 만든 정다각형의 변의 수는 몇 개일까요?

식 _____ 답 _____

⑥ 선재는 철사 112.8 cm를 겹치지 않게 모두 사용하여 한 변의 길이가 9.4 cm인
정다각형을 한 개 만들었습니다. 만든 정다각형의 변의 수는 몇 개일까요?

식 _____ 답 _____

최대, 최소 개수 구하기

적어도 몇 개
➡ 몫을 자연수 부분까지 구한 후 몫에 1 더하기
몇 개까지
➡ 몫을 자연수 부분까지 구해서 쓰기

예 들이가 38.6 L인 수조에 물을 가득 채우려고 합니다. 들이가 1.5 L인 바가지로 물을 적어도 몇 번 부어야 할까요?

38.6 ÷ 1.5의 몫을 자연수 부분까지 구하면 25이므로
물을 적어도 25 + 1 = 26(번) 부어야 합니다.

답 _____ 26번 _____

① 들이가 1.05 L인 물통에 물을 가득 채우려고 합니다. 들이가 0.32 L인 컵으로 물을 적어도 몇 번 부어야 할까요?

풀이

1.05 ÷ 0.32의 몫을 자연수 부분까지 구하면
□ 이므로 물을 적어도 □ + 1 = □ (번)
부어야 합니다.

답 □ 번

② 허리띠 한 개를 만드는 데 가죽끈 1.8 m가 필요합니다. 길이가 85.7 m인 가죽끈으로 허리띠를 몇 개까지 만들 수 있을까요?

풀이

□ ÷ □ 의 몫을 자연수 부분까지
구하면 □ 이므로 허리띠를 □ 개
까지 만들 수 있습니다.

답 □ 개

정답 8쪽

왼쪽 **1**, **2**번과 같이 문제의 핵심 부분에 색칠하고,
계산해야 하는 두 수에 밑줄을 그어 문제를 풀어 보세요.

3 들이가 9.3 L인 냄비에 물을 가득 채우려고 합니다.
들이가 1.2 L인 그릇으로 물을 적어도 몇 번 부어야
할까요?

┌ 풀이

└

답 _____

4 고구마 79.3 kg을 한 상자에 4.5 kg씩 담아 팔려고 합니다. 고구마를 몇 상자까지
팔 수 있을까요?

┌ 풀이

└

답 _____

5 물 62 L를 한 명에게 2.4 L씩 나누어 주려고 합니다. 물을 몇 명까지 나누어 줄 수
있을까요?

┌ 풀이

└

답 _____

7일   1 m의 무게 구하기

1 m의 무게는?
→ (전체 무게) ÷ (길이(m))

예   철근 **1.4** m의 무게를 재어 보니 **4.9** kg이었습니다. 이 철근 1 m의 무게는 몇 kg일까요?

(철근 1 m의 무게)

= (전체 철근의 무게) ÷ (철근의 길이)

식 $4.9 ÷ 1.4 = 3.5$ 답   3.5 kg

---

1   철근 **2.25** m의 무게를 재어 보니 **6.3** kg이었습니다. 이 철근 1 m의 무게는 몇 kg일까요?

식 $6.3 ÷ 2.25 = \boxed{}$ 답 $\boxed{}$ kg

전체 철근의 무게   철근의 길이

2   두께가 일정한 나무 막대 **3.1** m의 무게를 재어 보니 **6.82** kg이었습니다. 이 나무 막대 1 m의 무게는 몇 kg일까요?

식 $\boxed{} ÷ \boxed{} = \boxed{}$ 답 $\boxed{}$ kg

정답 8쪽

왼쪽 **1**, **2**번과 같이 문제의 핵심 부분에 색칠하고,
계산해야 하는 두 수에 밑줄을 그어 문제를 풀어 보세요.

3 두께가 일정한 통나무 1.8 m의 무게를 재어 보니 7.2 kg이었습니다. 이 통나무 1 m의 무게는 몇 kg일까요?

식 _____   답 _____

4 철근 1.25 m의 무게를 재어 보니 8 kg이었습니다. 이 철근 1 m의 무게는 몇 kg일까요?

식 _____   답 _____

5 고무호스 4.6 m의 무게를 재어 보니 2.57 kg 이었습니다. 이 고무호스 1 m의 무게는 몇 kg인지 반올림하여 소수 둘째 자리까지 나타내어 보세요.

식 _____

답 _____

이것만 알자

몫의 소수 ■째 자리 숫자는?
→ 몫의 소수점 아래 숫자가 반복되는 규칙 찾기

예 몫의 소수 10째 자리 숫자를 구해 보세요.

$$2.5 \div 1.1$$

$2.5 \div 1.1 = 2.272727\cdots\cdots$이므로 몫의 소수점 아래 숫자가 2, 7이 반복되는 규칙입니다.
따라서 몫의 소수 10째 자리 숫자는 7입니다.

답   7

1 몫의 소수 8째 자리 숫자를 구해 보세요.

$$1.4 \div 0.6$$

(   )

2 몫의 소수 12째 자리 숫자를 구해 보세요.

$$26 \div 5.4$$

(   )

정답 9쪽

왼쪽 ①, ② 번과 같이 문제의 핵심 부분에 색칠하고, 문제를 풀어 보세요.

③ 몫의 소수 9째 자리 숫자를 구해 보세요.

$$4.3 \div 0.9$$

(   )

④ 몫의 소수 13째 자리 숫자를 구해 보세요.

$$7.5 \div 8.1$$

(   )

⑤ 몫의 소수 15째 자리 숫자를 구해 보세요.

$$5.7 \div 4.4$$

(   )

⑥ 몫의 소수 20째 자리 숫자를 구해 보세요.

$$18 \div 7.4$$

(   )

8일 마무리하기

30쪽

1 리본 5.4 m를 한 명에게 1.35 m씩 나누어 주려고 합니다. 몇 명에게 나누어 줄 수 있을까요?

(   )

32쪽

2 수박의 무게는 3.24 kg이고, 파인애플의 무게는 1.2 kg입니다. 수박의 무게는 파인애플의 무게의 몇 배일까요?

(   )

34쪽

3 희진이는 노끈 1.12 m를 겹치지 않게 모두 사용하여 한 변의 길이가 0.16 m인 정다각형을 한 개 만들었습니다. 만든 정다각형의 변의 수는 몇 개일까요?

(   )

36쪽

4 선물을 한 개 포장하는 데 끈 0.7 m가 필요합니다. 길이가 15.6 m인 끈으로 선물을 몇 개까지 포장할 수 있을까요?

(   )

정답 9쪽

36쪽

5 들이가 72.3 L인 항아리에 간장을
가득 채우려고 합니다. 들이가 1.5 L인
그릇으로 간장을 적어도 몇 번 부어야
할까요?

(   )

40쪽

7 몫의 소수 11째 자리 숫자를 구해
보세요.

$$8.5 \div 1.2$$

(   )

8 32쪽

도전 문제

지현이는 털실 18.75 m 중에서 뜨개질을
하는 데 14.25 m를 사용했습니다.
사용한 털실의 길이는 사용하고 남은
털실의 길이의 몇 배인지 반올림하여 소수
첫째 자리까지 나타내어 보세요.

❶ 사용하고 남은 털실의 길이

➡ (   )

❷ 사용한 털실의 길이는 사용하고 남은 털
실의 길이의 몇 배인지 반올림하여 소수
첫째 자리까지 나타내기

➡ (   )

38쪽

6 두께가 일정한 통나무 1.6 m의 무게를
재어 보니 8 kg이었습니다. 이 통나무
1 m의 무게는 몇 kg일까요?

(   )

3 공간과 입체

준비

기본 문제로
문장제 준비하기

9일차

✦ 쌓은 모양을 보고
쌓기나무의 수 구하기

✦ 위, 앞, 옆에서 본 모양을 보고
쌓기나무의 수 구하기

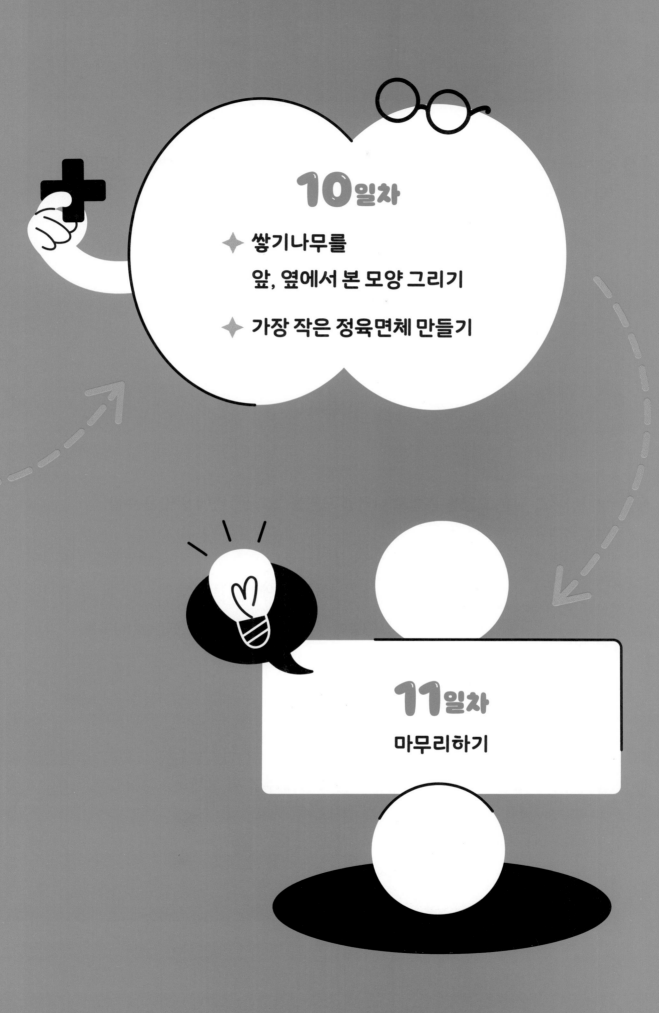

10일차

✦ 쌓기나무를
앞, 옆에서 본 모양 그리기

✦ 가장 작은 정육면체 만들기

11일차

마무리하기

1 쌓기나무로 쌓은 모양을 보고 위에서 본 모양을 그렸습니다. 관계있는 것끼리
이어 보세요.

2 쌓기나무로 쌓은 모양을 층별로 나타낸 모양을 보고 ☐ 안에 알맞은 수를
써넣으세요.

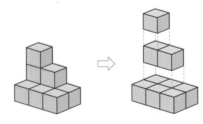

쌓기나무를 1층에 ☐개, 2층에 ☐개,
3층에 ☐개 쌓았으므로 사용한 쌓기나무는
☐개입니다.

3 쌓기나무로 쌓은 모양을 보고 위에서 본 모양에 수를 써 보세요.

위

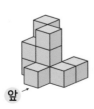 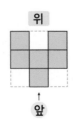

앞 →   ↑
                        앞

정답 10쪽

4 쌓기나무로 쌓은 모양과 위에서 본 모양입니다. 앞과 옆에서 본 모양을 각각 그려 보세요.

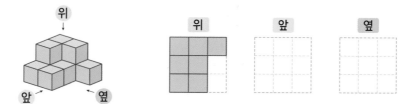

5 쌓기나무로 쌓은 모양을 보고 위에서 본 모양에 수를 쓴 것입니다. 똑같은 모양 으로 쌓는 데 필요한 쌓기나무는 몇 개일까요?

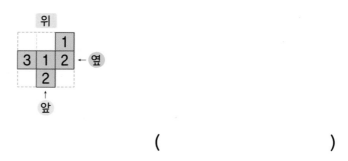

(   )

6 쌓기나무로 쌓은 모양을 층별로 나타낸 모양입니다. 똑같은 모양으로 쌓는 데 필요한 쌓기나무는 몇 개일까요?

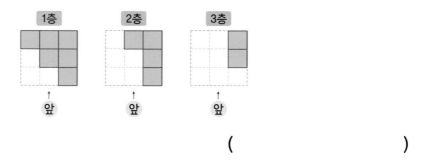

(   )

9일 쌓은 모양을 보고 쌓기나무의 수 구하기

이것만 알자
쌓은 모양의 층별 쌓기나무의 수를 더해서
쌓기나무의 수를 구할 수 있습니다.

예 주어진 모양과 똑같이 쌓는 데 필요한 쌓기나무는 몇 개일까요?

위에서 본 모양

1층: 6개, 2층: 4개, 3층: 1개 ⇨ (필요한 쌓기나무의 수) = 6 + 4 + 1 = 11(개)

답 __11개__

① 주어진 모양과 똑같이 쌓는 데 필요한 쌓기나무는 몇 개일까요?

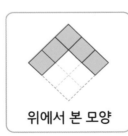

위에서 본 모양　　　　　　　　　(　　　　　　　개)

② 주어진 모양과 똑같이 쌓는 데 필요한 쌓기나무는 몇 개일까요?

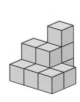

위에서 본 모양　　　　　　　　　(　　　　　　　개)

왼쪽 ❶, ❷번과 같이 문제의 핵심 부분에 색칠하고,
문제를 풀어 보세요.

정답 10쪽

3 주어진 모양과 똑같이 쌓는 데 필요한 쌓기나무는 몇 개일까요?

위에서 본 모양

(   )

4 주어진 모양과 똑같이 쌓는 데 필요한 쌓기나무는 몇 개일까요?

위에서 본 모양

(   )

5 주어진 모양과 똑같이 쌓는 데 필요한 쌓기나무는 몇 개일까요?

위에서 본 모양

(   )

위, 앞, 옆에서 본 모양을 보고 쌓기나무의 수 구하기

이것만 알자 ▶ 위에서 본 모양의 각 자리에 쌓은 쌓기나무의 수를 더해서 쌓기나무의 수를 구할 수 있습니다.

예 쌓기나무로 쌓은 모양을 위, 앞, 옆에서 본 모양입니다. 똑같은 모양으로 쌓는 데 필요한 쌓기나무는 몇 개일까요?

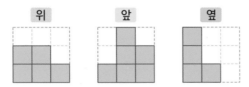

위

- 앞에서 본 모양을 보면 ㉠과 ㉢은 1개씩, ㉤은 2개입니다.
- 옆에서 본 모양을 보면 ㉡은 1개, ㉣은 3개입니다.
  ⇨ (필요한 쌓기나무의 수) = 1 + 1 + 1 + 3 + 2 = 8(개)

답 _____8개_____

① 쌓기나무로 쌓은 모양을 위, 앞, 옆에서 본 모양입니다. 똑같은 모양으로 쌓는 데 필요한 쌓기나무는 몇 개일까요?

(개)

② 쌓기나무로 쌓은 모양을 위, 앞, 옆에서 본 모양입니다. 똑같은 모양으로 쌓는 데 필요한 쌓기나무는 몇 개일까요?

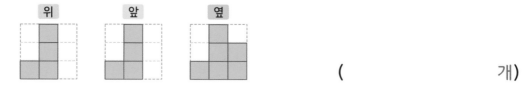

(개)

정답 11쪽

왼쪽 **①**, **②** 번과 같이 문제의 핵심 부분에 색칠하고,
문제를 풀어 보세요.

3 쌓기나무로 쌓은 모양을 위, 앞, 옆에서 본 모양입니다. 똑같은 모양으로 쌓는 데
필요한 쌓기나무는 몇 개일까요?

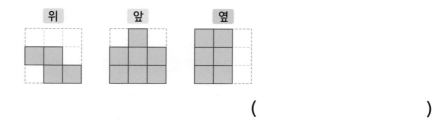

(   )

4 쌓기나무로 쌓은 모양을 위, 앞, 옆에서 본 모양입니다. 똑같은 모양으로 쌓는 데
필요한 쌓기나무는 몇 개일까요?

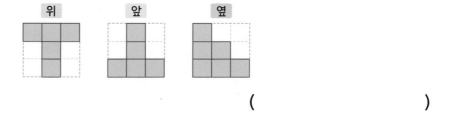

(   )

5 쌓기나무로 쌓은 모양을 위, 앞, 옆에서 본 모양입니다. 똑같은 모양으로 쌓는 데
필요한 쌓기나무는 몇 개일까요?

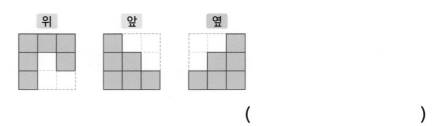

(   )

10일 쌓기나무를 앞, 옆에서 본 모양 그리기

이것만 알자

앞, 옆에서 본 모양은?
→ 각 줄에서 가장 큰 수만큼 그리기

예 쌓기나무로 쌓은 모양을 보고 위에서 본 모양에 수를 쓴 것입니다.

앞과 옆에서 본 모양을 각각 그려 보세요.

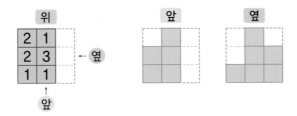

앞에서 본 모양은 왼쪽에서부터 2층, 3층으로 그립니다.

옆에서 본 모양은 왼쪽에서부터 1층, 3층, 2층으로 그립니다.

---

1 쌓기나무로 쌓은 모양을 보고 위에서 본 모양에 수를 쓴 것입니다.

앞과 옆에서 본 모양을 각각 그려 보세요.

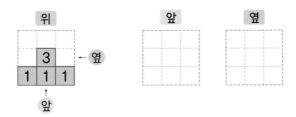

2 쌓기나무로 쌓은 모양을 보고 위에서 본 모양에 수를 쓴 것입니다.

앞과 옆에서 본 모양을 각각 그려 보세요.

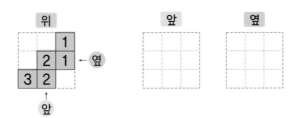

왼쪽 ①, ②번과 같이 문제의 핵심 부분에 색칠하고,
문제를 풀어 보세요.

정답 11쪽

③ 쌓기나무로 쌓은 모양을 보고 위에서 본 모양에 수를 쓴 것입니다.
앞과 옆에서 본 모양을 각각 그려 보세요.

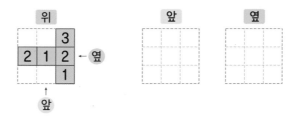

④ 쌓기나무로 쌓은 모양을 보고 위에서 본 모양에 수를 쓴 것입니다.
앞과 옆에서 본 모양을 각각 그려 보세요.

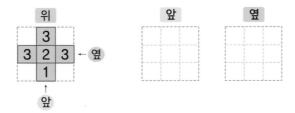

⑤ 쌓기나무로 쌓은 모양을 보고 위에서 본 모양에 수를 쓴 것입니다.
앞과 옆에서 본 모양을 각각 그려 보세요.

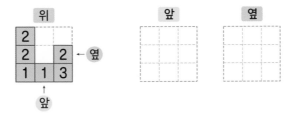

가장 작은 정육면체 모양
→ 각 모서리에 쌓기나무를 적어도 몇 개씩 쌓아야 하는지 구하기

예 쌓기나무로 쌓은 모양에 쌓기나무를 몇 개 더 쌓아서 가장 작은 정육면체 모양을 만들려고 합니다. 쌓기나무는 몇 개 더 필요할까요?

위에서 본 모양

가장 작은 정육면체 모양을 만들려면 한 모서리에 쌓기나무를 3개씩 쌓아야 하므로 필요한 쌓기나무는 3 × 3 × 3 = 27(개)입니다.

쌓여 있는 쌓기나무는 7 + 5 + 3 = 15(개)이므로

더 필요한 쌓기나무는 27 - 15 = 12(개)입니다.

답   12개

---

1 쌓기나무로 쌓은 모양에 쌓기나무를 몇 개 더 쌓아서 가장 작은 정육면체 모양을 만들려고 합니다. 쌓기나무는 몇 개 더 필요할까요?

위에서 본 모양

(개)

정답 12쪽

왼쪽 **1**번과 같이 문제의 핵심 부분에 색칠하고,
문제를 풀어 보세요.

2 쌓기나무로 쌓은 모양에 쌓기나무를 몇 개 더 쌓아서 가장 작은 정육면체 모양을
만들려고 합니다. 쌓기나무는 몇 개 더 필요할까요?

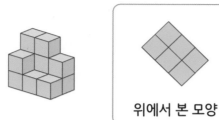

위에서 본 모양

(   )

3 쌓기나무로 쌓은 모양에 쌓기나무를 몇 개 더 쌓아서 가장 작은 정육면체 모양을
만들려고 합니다. 쌓기나무는 몇 개 더 필요할까요?

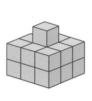 

위에서 본 모양

(   )

4 쌓기나무로 쌓은 모양에 쌓기나무를 몇 개 더 쌓아서 가장 작은 정육면체 모양을
만들려고 합니다. 쌓기나무는 몇 개 더 필요할까요?

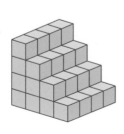 

위에서 본 모양

(   )

11일 마무리하기

48쪽

1 주어진 모양과 똑같이 쌓는 데 필요한 쌓기나무는 몇 개일까요?

위에서 본 모양

(　　　　　　　　　)

50쪽

3 쌓기나무로 쌓은 모양을 위, 앞, 옆에서 본 모양입니다. 똑같은 모양으로 쌓는 데 필요한 쌓기나무는 몇 개일까요?

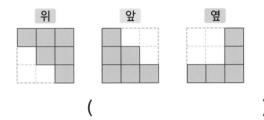

(　　　　　　　　　)

48쪽

2 주어진 모양과 똑같이 쌓는 데 필요한 쌓기나무는 몇 개일까요?

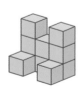

위에서 본 모양

(　　　　　　　　　)

52쪽

4 쌓기나무로 쌓은 모양을 보고 위에서 본 모양에 수를 쓴 것입니다. 앞과 옆에서 본 모양을 각각 그려 보세요.

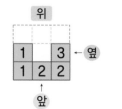

52쪽

5 쌓기나무로 쌓은 모양을 보고 위에서 본 모양에 수를 쓴 것입니다. 앞과 옆에서 본 모양을 각각 그려 보세요.

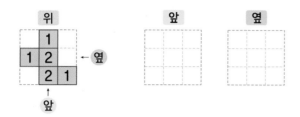

54쪽

7 쌓기나무로 쌓은 모양에 쌓기나무를 몇 개 더 쌓아서 가장 작은 정육면체 모양을 만들려고 합니다. 쌓기나무는 몇 개 더 필요할까요?

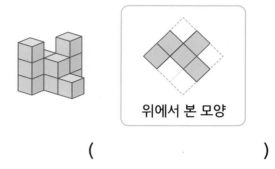

위에서 본 모양

(   )

54쪽

6 쌓기나무로 쌓은 모양에 쌓기나무를 몇 개 더 쌓아서 가장 작은 정육면체 모양을 만들려고 합니다. 쌓기나무는 몇 개 더 필요할까요?

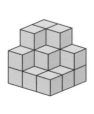

위에서 본 모양

(   )

8 50쪽   **도전 문제**

쌓기나무로 쌓은 모양을 위, 앞, 옆에서 본 모양입니다. 지아가 쌓기나무 15개를 가지고 있다면 다음 모양과 똑같이 쌓고 남는 쌓기나무는 몇 개일까요?

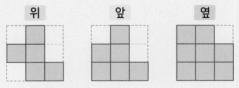

❶ 주어진 모양과 똑같은 모양으로 쌓는 데 필요한 쌓기나무의 수

→ (   )

❷ 쌓고 남는 쌓기나무의 수

→ (   )

비례식과 비례배분

준비

기본 문제로
문장제 준비하기

12일차

✦ 간단한 자연수의 비로 나타내기

✦ 비례식 완성하기

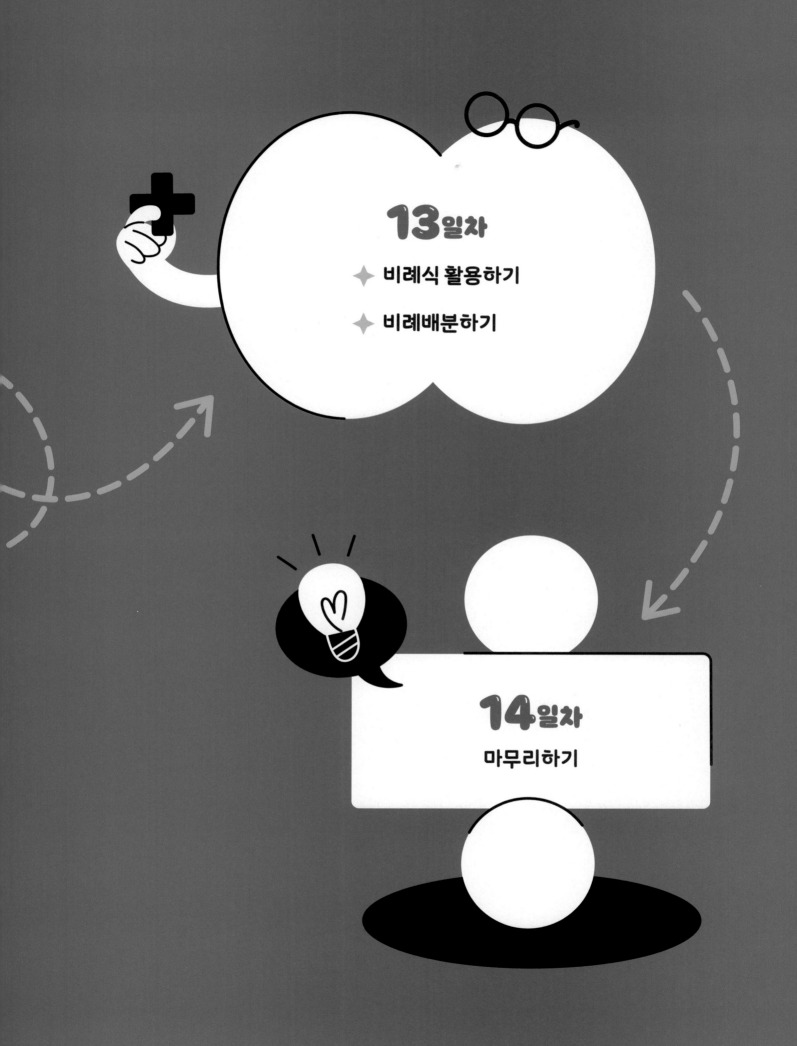

1 비의 성질을 이용하여 15 : 24와 비율이 같은 비를 구하려고 합니다. ☐ 안에 알맞은 수를 써넣으세요.

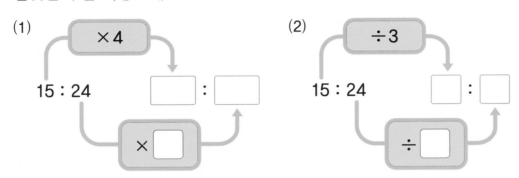

(1)

×4

15 : 24   ☐ : ☐

× ☐

(2)

÷3

15 : 24   ☐ : ☐

÷ ☐

2 간단한 자연수의 비로 나타내어 보세요.

(1) 2.3 : 1.1 ⇨ (   )

(2) 64 : 56 ⇨ (   )

(3) $\dfrac{3}{8}$: $\dfrac{5}{6}$ ⇨ (   )

(4) $\dfrac{2}{5}$: 0.8 ⇨ (   )

3 비율이 같은 두 비를 찾아 비례식을 만들어 보세요.

| 10 : 6   4 : 7   20 : 35 |

☐ : ☐ = ☐ : ☐

정답 13쪽

4 비례식 2 : 8＝8 : 32의 외항의 곱과 내항의 곱을 각각 구하고, 알맞은 말에
○표 하세요.

> 외항의 곱: ⬜ , 내항의 곱: ⬜
>
> ⇨ 비례식에서 외항의 곱과 내항의 곱은 (같습니다 , 다릅니다).

5 옳은 비례식에 ○표 하세요.

| 21 : 14＝7 : 2 | 6 : 7＝42 : 49 |

(   )   (   )

6 비례식의 성질을 이용하여 ⬜ 안에 알맞은 수를 써넣으세요.

(1) 5 : 8＝10 : ⬜   (2) 3 : ⬜ ＝9 : 45

7 5000을 3 : 7로 비례배분하려고 합니다. ⬜ 안에 알맞은 수를 써넣으세요.

· $5000 \times \dfrac{3}{⬜} = ⬜$ · $5000 \times \dfrac{⬜}{⬜} = ⬜$

12일 간단한 자연수의 비로 나타내기

이것만 알자

간단한 자연수의 비
→ 비의 성질을 이용하여 전항과 후항을
간단한 자연수로 만들기

예 딱지를 재준이는 33개 가지고 있고, 하랑이는 24개 가지고 있습니다.
재준이와 하랑이가 가지고 있는 딱지의 수의 비를 간단한 자연수의 비로
나타내어 보세요.

재준이와 하랑이가 가지고 있는 딱지의 수의 비 ⇨ 33 : 24

33 : 24의 전항과 후항을 3으로 나누면 11 : 8이 됩니다.

답   11 : 8

---

1 불고기 양념을 만드는 데 다진 마늘을 $\frac{1}{3}$컵 넣었고, 설탕을 $\frac{1}{2}$컵 넣었습니다.

불고기 양념을 만드는 데 넣은 다진 마늘의 양과 설탕의 양의 비를
간단한 자연수의 비로 나타내어 보세요.

(   )

2 희수와 로하가 제자리멀리뛰기를 했습니다. 희수의 기록은 1.2 m이고, 로하의
기록은 1.6 m입니다. 희수의 기록과 로하의 기록의 비를 간단한 자연수의 비로
나타내어 보세요.

(   )

정답 13쪽

왼쪽 ❶, ❷번과 같이 문제의 핵심 부분에 색칠하고, 문제를 풀어 보세요.

3 소은이가 피아노 연습을 한 시간은 36분이고, 현정이가 피아노 연습을 한 시간은 30분입니다. 소은이와 현정이가 피아노 연습을 한 시간의 비를 간단한 자연수의 비로 나타내어 보세요.

(   )

4 성연이와 진욱이는 같은 책을 1시간 동안 읽었습니다. 성연이는 전체의 $\frac{3}{8}$을 읽었고, 진욱이는 전체의 $\frac{1}{4}$을 읽었습니다. 성연이와 진욱이가 1시간 동안 읽은 책의 양의 비를 간단한 자연수의 비로 나타내어 보세요.

(   )

5 집에서 공원까지의 거리는 1.5 km이고, 집에서 수영장까지의 거리는 $1\frac{2}{5}$ km입니다. 집에서 공원까지의 거리와 집에서 수영장까지의 거리의 비를 간단한 자연수의 비로 나타내어 보세요.

(   )

비례식 완성하기

이것만 알자

조건에 맞게 **비례식을 완성**
→ ① 비율을 이용하여 수가 주어진 쪽의 비 완성하기
② 나머지 조건을 이용하여 비례식 완성하기

예 [조건]에 맞게 비례식을 만들려고 합니다. 비례식을 완성해 보세요.

[조건]

· 비율은 $\dfrac{6}{7}$입니다.

· 오른쪽 비는 왼쪽 비의 전항과 후항에 3을 곱한 비입니다.

$$\boxed{12} : 14 = \boxed{36} : \boxed{42}$$

ⓐ : 14 = ⓑ : ⓒ이라 하면

ⓐ : 14의 비율이 $\dfrac{6}{7}$이므로 $\dfrac{ⓐ}{14} = \dfrac{6}{7}$에서 ⓐ = 12입니다.

12 : 14의 전항과 후항에 3을 곱하면 36 : 42이므로

ⓑ = 36, ⓒ = 42입니다.

1 [조건]에 맞게 비례식을 만들려고 합니다. 비례식을 완성해 보세요.

[조건]

· 비율은 $\dfrac{2}{9}$입니다.

· 오른쪽 비는 왼쪽 비의 전항과 후항을 2로 나눈 비입니다.

$$8 : \boxed{} = \boxed{} : \boxed{}$$

왼쪽 ❶번과 같이 문제의 핵심 부분에 색칠하고, 문제를 풀어 보세요.

② [조건]에 맞게 비례식을 만들려고 합니다. 비례식을 완성해 보세요.

[조건]

· 비율은 $\dfrac{2}{3}$ 입니다.

· 왼쪽 비는 오른쪽 비의 전항과 후항에 5를 곱한 비입니다.

$$\boxed{} : \boxed{} = \boxed{} : 9$$

③ [조건]에 맞게 비례식을 만들려고 합니다. 비례식을 완성해 보세요.

[조건]

· 비율은 $\dfrac{5}{4}$ 입니다.

· 오른쪽 비는 왼쪽 비의 전항과 후항을 4로 나눈 비입니다.

$$\boxed{} : 48 = \boxed{} : \boxed{}$$

④ [조건]에 맞게 비례식을 만들려고 합니다. 비례식을 완성해 보세요.

[조건]

· 비율은 $\dfrac{7}{2}$ 입니다.

· 왼쪽 비는 오른쪽 비의 전항과 후항에 6을 곱한 비입니다.

$$\boxed{} : \boxed{} = 14 : \boxed{}$$

13일 비례식 활용하기

이것만 알자

구하려는 것을 □라 하여 비례식을 세우고
비례식의 성질이나 비의 성질을 이용하여
□의 값을 구합니다.

예 밀가루 반죽을 만드는 데 사용한 밀가루와 물의 양의 비는 5 : 3입니다.
밀가루 15컵을 모두 반죽으로 만들려면 물은 몇 컵이 필요할까요?

－－－－－－－－－－－－－－－－－－－－－－－－－－－－－－－

필요한 물의 양을 □컵이라 하여 비례식을 세우면 5 : 3 = 15 : □입니다.

⇨ 5 × □ = 3 × 15, 5 × □ = 45, □ = 9

따라서 필요한 물의 양은 9컵입니다.

답 ___9컵___

1 지훈이네 어머니께서 쌀과 콩의 무게의 비를 9 : 2로 섞어서 밥을 지으려고 합니다.
쌀을 720 g 넣었다면 콩은 몇 g을 넣어야 할까요?

(　　　　　　　g)

2 선영이는 가로와 세로의 비가 4 : 7인 직사각형을 그리려고 합니다.
세로를 49 cm로 그린다면 가로는 몇 cm로 그려야 할까요?

(　　　　　　cm)

정답 14쪽

왼쪽 ❶, ❷번과 같이 문제의 핵심 부분에 색칠하고, 문제를 풀어 보세요.

3 해진이와 지호가 먹은 쿠키 수의 비는 5 : 7입니다. 해진이가 10개를 먹었다면 지호는 몇 개를 먹었을까요?

(   )

4 희영이와 진솔이가 접은 종이학 수의 비는 6 : 5입니다. 진솔이가 30개를 접었다면 희영이는 몇 개를 접었을까요?

(   )

5 주말농장에서 민지네 가족과 윤하네 가족이 고구마를 캤습니다. 민지네 가족과 윤하네 가족이 캔 고구마 무게의 비는 3 : 4입니다. 민지네 가족이 12 kg을 캤다면 윤하네 가족은 몇 kg을 캤을까요?

(   )

이것만 알자

14를 3 : 4로 나누기 ➡ $\left[\begin{array}{l} 14 \times \dfrac{3}{3+4} \\ 14 \times \dfrac{4}{3+4} \end{array}\right.$

예 수첩 14권을 하준이와 정우가 3 : 4로 나누어 가지려고 합니다.
하준이와 정우가 각각 몇 권씩 가지게 되는지 구해 보세요.

하준: $14 \times \dfrac{3}{3+4} = 14 \times \dfrac{3}{7} = 6$(권)

정우: $14 \times \dfrac{4}{3+4} = 14 \times \dfrac{4}{7} = 8$(권)

답   하준: 6권, 정우: 8권

---

1 사탕 39개를 건우와 지환이가 8 : 5로 나누어 가지려고 합니다.
건우와 지환이가 각각 몇 개씩 가지게 되는지 구해 보세요.

건우 (   )
지환 (   )

2 끈 90 cm를 태윤이와 은우가 2 : 7로 나누어 가지려고 합니다.
태윤이와 은우가 각각 몇 cm씩 가지게 되는지 구해 보세요.

태윤 (   )
은우 (   )

정답 15쪽

왼쪽 ❶, ❷번과 같이 문제의 핵심 부분에 색칠하고,
문제를 풀어 보세요.

❸ 배 36개를 도윤이네 가족과 선우네 가족이 5 : 4로 나누어 가지려고 합니다.
도윤이네 가족과 선우네 가족이 각각 몇 개씩 가지게 되는지 구해 보세요.

도윤이네 가족 (   )

선우네 가족 (   )

❹ 연필 75자루를 민경이와 예린이가 7 : 8로 나누어 가지려고 합니다.
민경이와 예린이가 각각 몇 자루씩 가지게 되는지 구해 보세요.

민경 (   )

예린 (   )

❺ 2500원짜리 초콜릿을 사는 데 돈을 준서와 동생이
3 : 2로 나누어 내려고 합니다. 준서와 동생이 각각
얼마씩 내게 되는지 구해 보세요.

준서 (   )

동생 (   )

14일 마무리하기

62쪽

1 영빈이가 마신 우유는 $\frac{1}{4}$ L이고,

주호가 마신 우유는 $\frac{1}{5}$ L입니다.

영빈이와 주호가 마신 우유의 양의

비를 간단한 자연수의 비로 나타내어

보세요.

(   )

62쪽

2 집에서 학교까지의 거리는 2.1 km이고,

학교에서 우체국까지의 거리는

$1\frac{1}{2}$ km입니다. 집에서 학교까지의

거리와 학교에서 우체국까지의 거리의

비를 간단한 자연수의 비로 나타내어

보세요.

(   )

64쪽

3 [조건]에 맞게 비례식을 만들려고

합니다. 비례식을 완성해 보세요.

> [조건]
>
> · 비율은 $\frac{2}{5}$ 입니다.
>
> · 오른쪽 비는 왼쪽 비의 전항과 후항에
>   4를 곱한 비입니다.

[   ] : 10 = [   ] : [   ]

64쪽

4 [조건]에 맞게 비례식을 만들려고

합니다. 비례식을 완성해 보세요.

> [조건]
>
> · 비율은 $\frac{1}{8}$ 입니다.
>
> · 오른쪽 비는 왼쪽 비의 전항과 후항을
>   3으로 나눈 비입니다.

6 : [   ] = [   ] : [   ]

66쪽

5 효주는 밑변의 길이와 높이의 비가
9 : 5인 평행사변형을 그리려고
합니다. 밑변의 길이를 27 cm로
그린다면 높이는 몇 cm로 그려야
할까요?

(   )

68쪽

7 리본 56 cm를 지아와 은재가
5 : 2로 나누어 가지려고 합니다.
지아와 은재가 각각 몇 cm씩 가지게
되는지 구해 보세요.

지아 (   )

은재 (   )

8 68쪽   **도전 문제**

쿠키 24개를 선민이와 다현이가
7 : 5로 나누어 먹었습니다. 선민이는
다현이보다 쿠키를 몇 개 더 많이
먹었는지 구해 보세요.

❶ 선민이와 다현이가 먹은 쿠키의 수

→ 선민 (   )

다현 (   )

❷ 선민이가 다현이보다 더 많이 먹은
쿠키의 수

→ (   )

66쪽

6 주말농장에서 성연이네 가족과
규원이네 가족이 수확한 옥수수
무게의 비는 3 : 8입니다. 규원이네
가족이 수확한 옥수수가 48 kg이라면
성연이네 가족이 수확한 옥수수는 몇
kg일까요?

(   )

5 원의 둘레와 넓이

준비
계산으로
문장제 준비하기

15일차
✦ 원주 구하기

✦ 원이 굴러간 거리 구하기

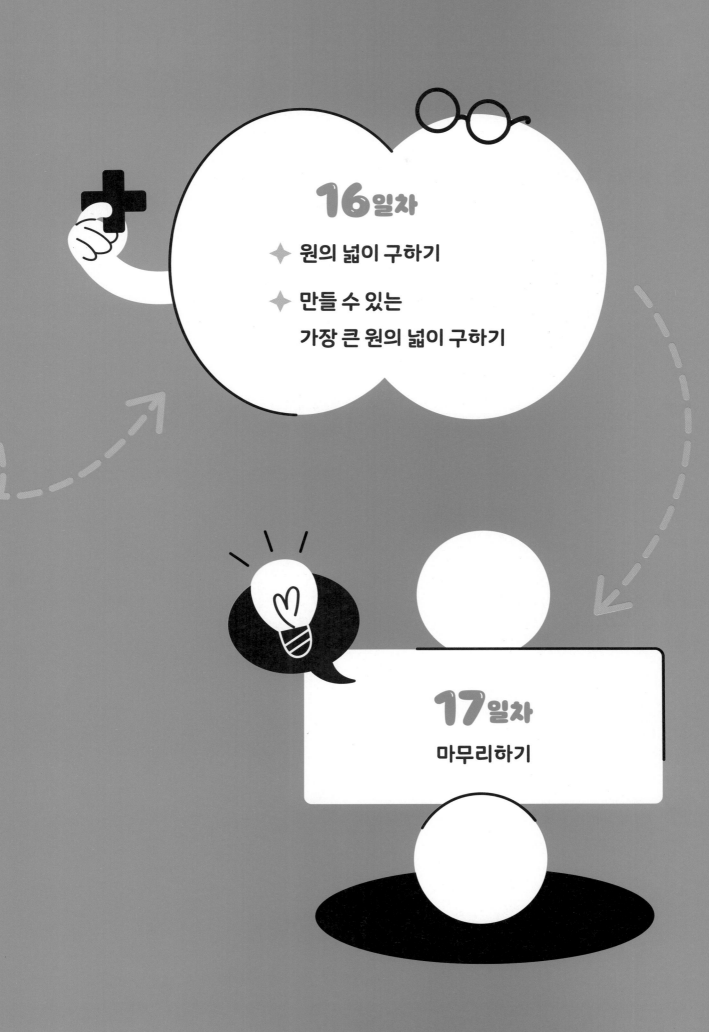

◆ **원주는 몇 cm인지 구해 보세요. (원주율: 3.14)**

1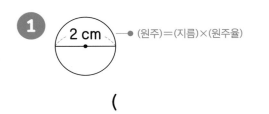

( )

5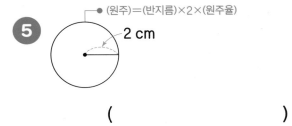

( )

2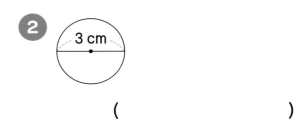

( )

6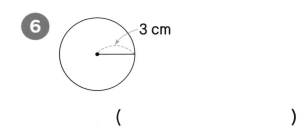

( )

3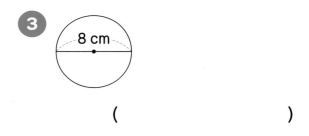

( )

7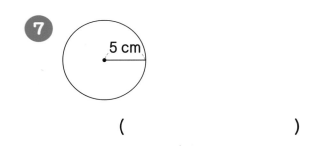

( )

4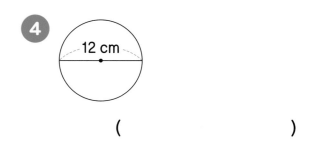

( )

8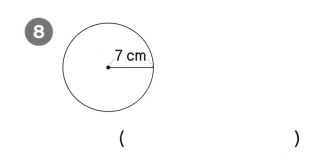

( )

정답 16쪽

◆ 원의 넓이는 몇 cm²인지 구해 보세요. (원주율: 3.1)

● (원의 넓이)＝(반지름)×(반지름)×(원주율)

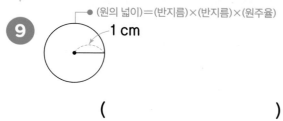

9 1 cm

(   )

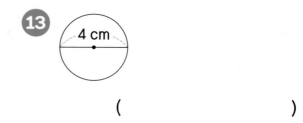

13 4 cm

(   )

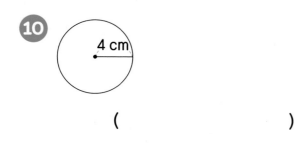

10 4 cm

(   )

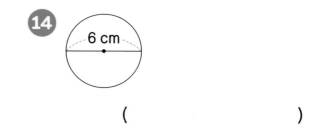

14 6 cm

(   )

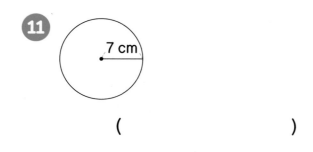

11 7 cm

(   )

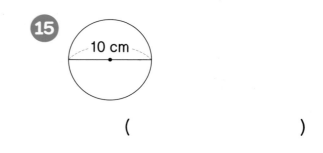

15 10 cm

(   )

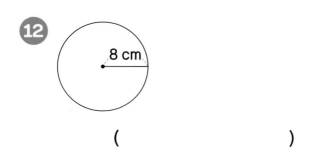

12 8 cm

(   )

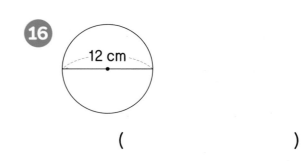

16 12 cm

(   )

15일 원주 구하기

(원주) = (지름) × (원주율)
= (반지름) × 2 × (원주율)

└ ● (지름) = (반지름) × 2

예 민선이는 운동장에 반지름이 3 m인 원을 그렸습니다. 그린 원의 원주는 몇 m일까요? (원주율: 3.1)

- -

(그린 원의 원주) = (반지름) × 2 × (원주율)

식   3 × 2 × 3.1 = 18.6   답   18.6 m

---

1 준영이는 종이에 반지름이 9 cm인 원을 그렸습니다. 그린 원의 원주는 몇 cm일까요? (원주율: 3.14)

식   9 × 2 × 3.14 = [   ]   답 [   ] cm

---

2 채원이는 지름이 30 cm인 원 모양의 피자를 만들었습니다. 만든 피자의 원주는 몇 cm일까요? (원주율: 3.14)

식   [   ] × 3.14 = [   ]

답 [   ] cm

정답 16쪽

왼쪽 ❶, ❷번과 같이 문제의 핵심 부분에 색칠하고,
문제를 풀어 보세요.

❸ 상훈이네 반 친구들은 지름이 4 m인 원 모양의 꽃밭에 꽃을 심었습니다. 꽃을 심은 꽃밭의 원주는 몇 m일까요? (원주율: 3.1)

식 _____   답 _____

❹ 민서네 반 교실에는 지름이 20 cm인 원 모양의 벽시계가 걸려 있습니다. 걸려 있는 벽시계의 원주는 몇 cm일까요? (원주율: 3.14)

식 _____   답 _____

❺ 규빈이는 반지름이 7 cm인 원 모양의 냄비 받침을 샀습니다. 산 냄비 받침의 원주는 몇 cm일까요? (원주율: 3)

식 _____   답 _____

❻ 수아는 색 도화지를 반지름이 11 cm인 원 모양으로 잘랐습니다. 자른 색 도화지의 원주는 몇 cm일까요? (원주율: 3.1)

식 _____   답 _____

원이 굴러간 거리 구하기

이것만 알자 ▶ 원이 1바퀴 굴러간 거리는 원의 원주와 같습니다.

예 정민이는 지름이 60 cm인 원 모양의 굴렁쇠를 2바퀴 굴렸습니다. 굴렁쇠가 굴러간 거리는 몇 cm일까요? (원주율: 3.14)

- -

(굴렁쇠의 원주) = 60 × 3.14 = 188.4(cm)

⇨ (굴렁쇠가 굴러간 거리) = 188.4 × 2 = 376.8(cm)
　　　　　　　　　　　　　　　　└─● 굴렁쇠의 원주

답 376.8 cm

① 다훈이는 지름이 50 cm인 원 모양의 굴렁쇠를 3바퀴 굴렸습니다. 굴렁쇠가 굴러간 거리는 몇 cm일까요? (원주율: 3.1)

(　　　　　　　　 cm)

② 수현이는 반지름이 35 cm인 원 모양의 훌라후프를 5바퀴 굴렸습니다. 훌라후프가 굴러간 거리는 몇 cm일까요? (원주율: 3)

(　　　　　　　　 cm)

왼쪽 ❶, ❷번과 같이 문제의 핵심 부분에 색칠하고,
문제를 풀어 보세요.

③ 아영이는 지름이 6 cm인 원 모양의 고리를 7바퀴 굴렸습니다.
고리가 굴러간 거리는 몇 cm일까요? (원주율: 3)

(   )

④ 지효는 지름이 14 cm인 원 모양의 냄비 뚜껑을 4바퀴 굴렸습니다.
냄비 뚜껑이 굴러간 거리는 몇 cm일까요? (원주율: 3.14)

(   )

⑤ 민석이는 지름이 45 cm인 원 모양의 자전거 바퀴를 6바퀴 굴렸습니다.
자전거 바퀴가 굴러간 거리는 몇 cm일까요? (원주율: 3.1)

(   )

⑥ 해성이는 반지름이 32 cm인 원 모양의 튜브를 8바퀴 굴렸습니다.
튜브가 굴러간 거리는 몇 cm일까요? (원주율: 3)

(   )

16일 원의 넓이 구하기

이것만 알자   (원의 넓이)＝(반지름)×(반지름)×(원주율)

예 반지름이 11 cm인 원 모양의 접시가 있습니다. 이 접시의 넓이는 몇 cm²일까요? (원주율: 3)

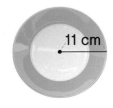
11 cm

- -

(접시의 넓이) = (반지름) × (반지름) × (원주율)

식   11 × 11 × 3 = 363   답   363 cm²

---

1 반지름이 4 cm인 원 모양의 손거울이 있습니다. 이 손거울의 넓이는 몇 cm²일까요? (원주율: 3)

4 cm

식   4×4×3＝□

답   □ cm²

---

2 반지름이 20 cm인 원 모양의 방석이 있습니다. 이 방석의 넓이는 몇 cm²일까요? (원주율: 3.1)

20 cm

식   □ × □ ×3.1＝□

답   □ cm²

정답 17쪽

왼쪽 ❶, ❷번과 같이 문제의 핵심 부분에 색칠하고,
문제를 풀어 보세요.

3 반지름이 3 cm인 원 모양의 컵 받침이 있습니다. 이 컵 받침의 넓이는
몇 cm²일까요? (원주율: 3.14)

식 _____   답 _____

4 반지름이 6 m인 원 모양의 꽃밭이 있습니다. 이 꽃밭의 넓이는 몇 m²일까요?

(원주율: 3.14)

식 _____   답 _____

5 반지름이 22 m인 원 모양의 무대가 있습니다. 이 무대의 넓이는 몇 m²일까요?

(원주율: 3)

식 _____   답 _____

6 반지름이 30 cm인 원 모양의 과녁판이 있습니다. 이 과녁판의 넓이는
몇 cm²일까요? (원주율: 3.1)

식 _____   답 _____

이것만 알자

가장 큰 원
➡ **가로와 세로 중 더 짧은 변의 길이를 지름으로 하는 원**

예 오른쪽 그림과 같은 직사각형 모양의 종이를 잘라 만들 수 있는 가장 큰 원의 넓이는 몇 cm^2일까요? (원주율: 3.14)

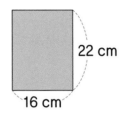
22 cm
16 cm

- -

만들 수 있는 가장 큰 원의 지름은 16 cm이므로 반지름은 16 ÷ 2 = 8(cm)입니다.

➡ (만들 수 있는 가장 큰 원의 넓이) = 8 × 8 × 3.14 = 200.96(cm^2)

답   200.96 cm^2

---

1 오른쪽 그림과 같은 직사각형 모양의 종이를 잘라 만들 수 있는 가장 큰 원의 넓이는 몇 cm^2일까요? (원주율: 3.1)

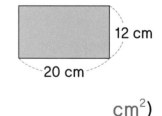
12 cm
20 cm

(cm^2)

2 오른쪽 그림과 같은 직사각형 모양의 종이를 잘라 만들 수 있는 가장 큰 원의 넓이는 몇 cm^2일까요? (원주율: 3.14)

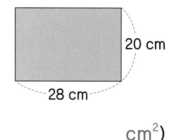
20 cm
28 cm

(cm^2)

왼쪽 **1**, **2**번과 같이 문제의 핵심 부분에 색칠하고,
문제를 풀어 보세요.

정답 18쪽

3 오른쪽 그림과 같은 직사각형 모양의 종이를 잘라 만들 수
있는 가장 큰 원의 넓이는 몇 cm²일까요? (원주율: 3.14)

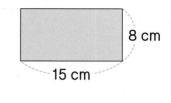

8 cm

15 cm

(   )

4 오른쪽 그림과 같은 직사각형 모양의 종이를 잘라 만들 수 있는
가장 큰 원의 넓이는 몇 cm²일까요? (원주율: 3.1)

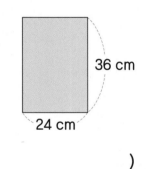

36 cm

24 cm

(   )

5 오른쪽 그림과 같은 직사각형 모양의 종이를 잘라 만들 수 있는
가장 큰 원의 넓이는 몇 cm²일까요? (원주율: 3)

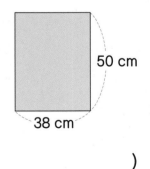

50 cm

38 cm

(   )

17일 마무리하기

76쪽

1 정우는 운동장에 지름이 6 m인 원을 그렸습니다. 그린 원의 원주는 몇 m일까요? (원주율: 3)

(   )

78쪽

2 태윤이는 지름이 75 cm인 원 모양의 굴렁쇠를 8바퀴 굴렸습니다. 굴렁쇠가 굴러간 거리는 몇 cm일까요? (원주율: 3.1)

(   )

78쪽

3 민석이는 반지름이 12 cm인 원 모양의 바퀴를 5바퀴 굴렸습니다. 바퀴가 굴러간 거리는 몇 cm일까요? (원주율: 3)

(   )

80쪽

4 반지름이 7 m인 원 모양의 땅이 있습니다. 이 땅의 넓이는 몇 m^2일까요? (원주율: 3.14)

(   )

80쪽

5 반지름이 60 cm인 원 모양의 카펫이 있습니다. 이 카펫의 넓이는 몇 cm²일까요? (원주율: 3)

(   )

82쪽

7 그림과 같은 직사각형 모양의 종이를 잘라 만들 수 있는 가장 큰 원의 넓이는 몇 cm²일까요? (원주율: 3.14)

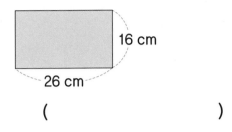

16 cm

26 cm

(   )

82쪽

6 그림과 같은 직사각형 모양의 종이를 잘라 만들 수 있는 가장 큰 원의 넓이는 몇 cm²일까요? (원주율: 3.1)

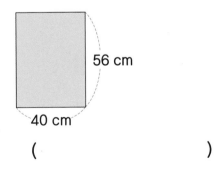

56 cm

40 cm

(   )

8 76쪽   **도전 문제**

색종이를 채아는 반지름이 5 cm, 민영이는 반지름이 7 cm인 원 모양으로 각각 잘랐습니다. 두 사람이 자른 색종이의 원주의 차는 몇 cm인지 구해 보세요. (원주율: 3.1)

❶ 채아가 자른 색종이의 원주

→ (   )

❷ 민영이가 자른 색종이의 원주

→ (   )

❸ 두 사람이 자른 색종이의 원주의 차

→ (   )

6 원기둥, 원뿔, 구

준비

기본 문제로
문장제 준비하기

18일차

✦ 평면도형을 돌려 입체도형 만들기

✦ 원기둥의 전개도에서
옆면의 가로 구하기

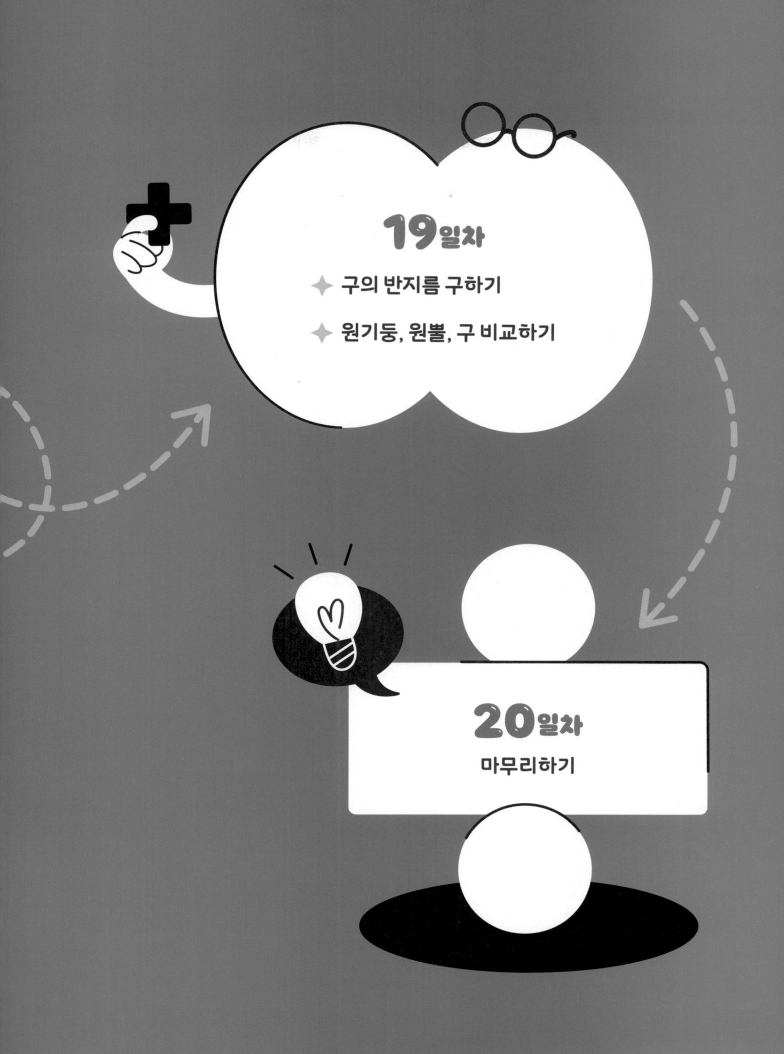

1 입체도형을 보고 물음에 답하세요.

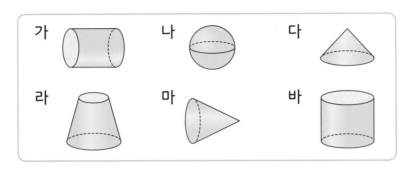

(1) 원기둥을 모두 찾아 써 보세요.   (   )

(2) 원뿔을 모두 찾아 써 보세요.   (   )

(3) 구를 찾아 써 보세요.   (   )

2 원기둥을 보고 ☐ 안에 각 부분의 이름을 써넣으세요.

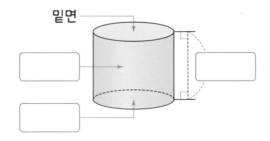

3 원기둥의 밑면을 모두 찾아 색칠해 보세요.

(1) 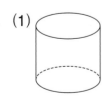   (2)

4 원기둥의 전개도가 될 수 있는 것을 찾아 ◯표 해 보세요.

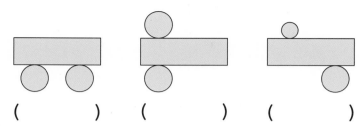

(   ) (   ) (   )

5 입체도형의 높이는 몇 cm인지 구해 보세요.

(1)   (2)

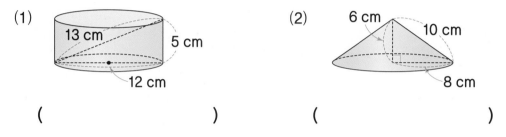

(   )   (   )

6 구의 반지름은 몇 cm일까요?

(1)   (2)

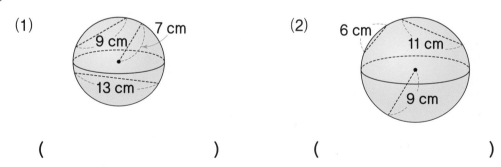

(   )   (   )

7 원기둥에는 있지만 구에는 없는 것을 찾아 기호를 써 보세요.

ⓐ 굽은 면
ⓑ 밑면
ⓒ 꼭짓점

(   )

18일 평면도형을 돌려 입체도형 만들기

이것만 알자

평면도형	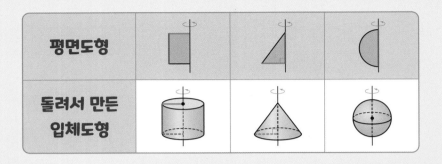		
돌려서 만든 입체도형			

예 오른쪽과 같이 한 직선을 중심으로 직사각형 모양의 종이를 한 바퀴 돌렸을 때 만들어지는 입체도형의 높이는 몇 cm일까요?

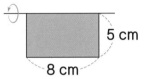

직사각형 모양의 종이를 한 바퀴 돌렸을 때 만들어지는 입체도형은 밑면의 반지름이 5 cm, 높이가 8 cm인 원기둥입니다.

답 　 8 cm

① 오른쪽과 같이 한 직선을 중심으로 직각삼각형 모양의 종이를 한 바퀴 돌렸을 때 만들어지는 입체도형의 높이는 몇 cm일까요?

(　　　　　 cm)

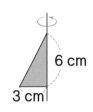

② 오른쪽과 같이 한 직선을 중심으로 반원 모양의 종이를 한 바퀴 돌렸을 때 만들어지는 입체도형의 반지름은 몇 cm일까요?

(　　　　　 cm)

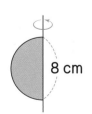

왼쪽 **1**, **2**번과 같이 문제의 핵심 부분에 색칠하고,
문제를 풀어 보세요.

정답 19쪽

3 오른쪽과 같이 한 직선을 중심으로 직사각형 모양의 종이를 한 바퀴
돌렸을 때 만들어지는 입체도형의 밑면의 반지름은 몇 cm일까요?

(   )

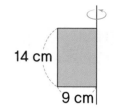

4 오른쪽과 같이 한 직선을 중심으로 직각삼각형 모양의 종이를 한 바퀴
돌렸을 때 만들어지는 입체도형의 높이는 몇 cm일까요?

(   )

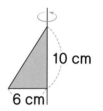

5 오른쪽과 같이 한 직선을 중심으로 반원 모양의 종이를 한 바퀴
돌렸을 때 만들어지는 입체도형의 반지름은 몇 cm일까요?

(   )

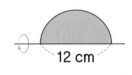

6 오른쪽과 같이 한 직선을 중심으로 직각삼각형 모양의 종이를
한 바퀴 돌렸을 때 만들어지는 입체도형의 밑면의 반지름은
몇 cm일까요?

(   )

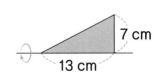

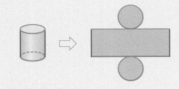
원기둥의 전개도에서
옆면의 가로 구하기

이것만 알자

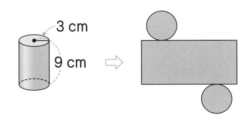

(전개도에서 옆면의 가로)
= (원기둥의 밑면의 둘레)
= (밑면의 지름) × (원주율)
└─ ● (밑면의 반지름)×2

✿ 원기둥을 펼쳐 전개도를 만들었을 때 옆면의 가로는 몇 cm일까요? (원주율: 3)

3 cm
9 cm

- -

(전개도에서 옆면의 가로) = (원기둥의 밑면의 둘레) = 3 × 2 × 3 = 18(cm)

답 ____18 cm____

① 원기둥을 펼쳐 전개도를 만들었을 때 옆면의 가로는 몇 cm일까요? (원주율: 3)

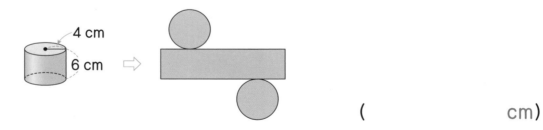

4 cm
6 cm

(cm)

② 원기둥을 펼쳐 전개도를 만들었을 때 옆면의 가로는 몇 cm일까요? (원주율: 3.1)

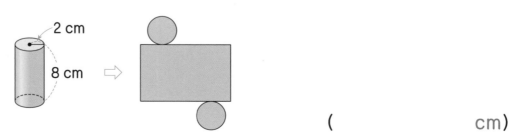

2 cm
8 cm

(cm)

왼쪽 ❶, ❷번과 같이 문제의 핵심 부분에 색칠하고,
문제를 풀어 보세요.

정답 20쪽

③ 원기둥을 펼쳐 전개도를 만들었을 때 옆면의 가로는 몇 cm일까요? (원주율: 3)

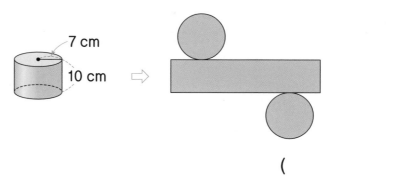

(   )

④ 원기둥을 펼쳐 전개도를 만들었을 때 옆면의 가로는 몇 cm일까요? (원주율: 3.1)

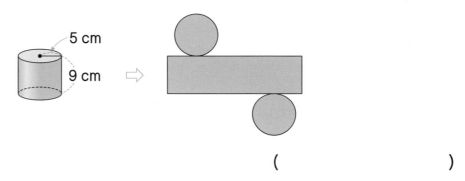

(   )

⑤ 원기둥을 펼쳐 전개도를 만들었을 때 옆면의 가로는 몇 cm일까요? (원주율: 3.14)

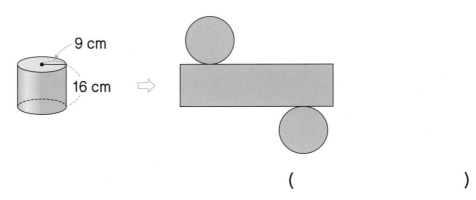

(   )

19일 구의 반지름 구하기

이것만 알자   **정육면체 모양의 상자에 딱 맞는 구의 지름은 상자의 한 모서리의 길이와 같습니다.**

예 한 모서리의 길이가 20 cm인 정육면체 모양의 상자에 구를 넣었더니 크기가 딱 맞았습니다. 구의 반지름은 몇 cm일까요?

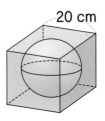

(구의 지름) = (상자의 한 모서리의 길이) = 20 cm

➡ (구의 반지름) = 20 ÷ 2 = 10(cm)

답   _10 cm_

---

1 한 모서리의 길이가 14 cm인 정육면체 모양의 상자에 구를 넣었더니 크기가 딱 맞았습니다. 구의 반지름은 몇 cm일까요?

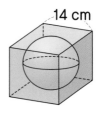

(cm)

2 한 모서리의 길이가 32 cm인 정육면체 모양의 상자에 구를 넣었더니 크기가 딱 맞았습니다. 구의 반지름은 몇 cm일까요?

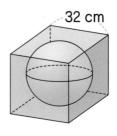

(cm)

정답 20쪽

왼쪽 **①**, **②**번과 같이 문제의 핵심 부분에 색칠하고,
문제를 풀어 보세요.

3 한 모서리의 길이가 18 cm인 정육면체 모양의 상자에 구를 넣었더니 크기가 딱 맞았습니다. 구의 반지름은 몇 cm일까요?

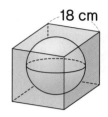

(   )

4 한 모서리의 길이가 44 cm인 정육면체 모양의 상자에 구를 넣었더니 크기가 딱 맞았습니다. 구의 반지름은 몇 cm일까요?

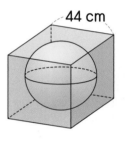

(   )

5 한 모서리의 길이가 52 cm인 정육면체 모양의 상자에 구를 넣었더니 크기가 딱 맞았습니다. 구의 반지름은 몇 cm일까요?

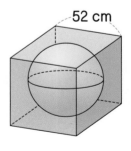

(   )

이것만 알자

입체도형		원기둥	원뿔	구
공통점		굽은 면이 있습니다.		
차이점	밑면	원, 2개	원, 1개	없음
	옆면	굽은 면	굽은 면	없음
	꼭짓점	없음	1개	없음

🍀 **예** 원기둥과 원뿔의 공통점을 바르게 설명한 것을 찾아 기호를 써 보세요.

> ㉠ 밑면은 모두 1개씩입니다.
> ㉡ 밑면의 모양이 같습니다.
> ㉢ 모두 꼭짓점이 있습니다.

- -

㉠ 원기둥의 밑면은 2개이고, 원뿔의 밑면은 1개입니다.

㉡ 원기둥과 원뿔은 밑면의 모양이 원으로 같습니다.

㉢ 원기둥은 꼭짓점이 없고, 원뿔은 꼭짓점이 있습니다.

답   ㉡

1 원뿔과 구의 차이점을 바르게 설명한 것을 찾아 기호를 써 보세요.

> ㉠ 원뿔은 굽은 면이 있고, 구는 굽은 면이 없습니다.
> ㉡ 원뿔은 밑면이 있고, 구는 밑면이 없습니다.
> ㉢ 위에서 본 모양이 원뿔은 삼각형이고, 구는 원입니다.

(   )

2 구와 원뿔의 공통점을 바르게 설명한 친구를 찾아 이름을 써 보세요.

> 도현: 위에서 본 모양이 같아.
>
> 민규: 어느 방향에서 바라보아도 모양이 모두 원이야.
>
> 가은: 모두 뾰족한 점이 있어.

(   )

3 원기둥과 원뿔의 차이점을 바르게 설명한 친구를 찾아 이름을 써 보세요.

> 해수: 원기둥은 밑면이 있고, 원뿔은 밑면이 없어.
>
> 지안: 원기둥은 옆면이 있고, 원뿔은 옆면이 없어.
>
> 윤호: 원기둥은 꼭짓점이 없고, 원뿔은 꼭짓점이 있어.

(   )

4 원기둥과 구의 차이점을 바르게 설명한 친구를 찾아 이름을 써 보세요.

> 승민: 원기둥은 굽은 면이 있고, 구는 굽은 면이 없어.
>
> 예서: 위에서 본 모양이 원기둥은 사각형이고, 구는 원이야.
>
> 하연: 원기둥은 밑면이 있고, 구는 밑면이 없어.

(   )

20일 마무리하기

90쪽

1 다음과 같이 한 직선을 중심으로 직각삼각형 모양의 종이를 한 바퀴 돌렸을 때 만들어지는 입체도형의 높이는 몇 cm일까요?

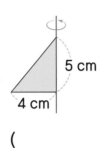

5 cm

4 cm

(   )

90쪽

2 다음과 같이 한 직선을 중심으로 직사각형 모양의 종이를 한 바퀴 돌렸을 때 만들어지는 입체도형의 밑면의 반지름은 몇 cm일까요?

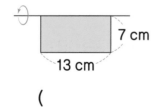

7 cm

13 cm

(   )

92쪽

3 원기둥을 펼쳐 전개도를 만들었을 때 옆면의 가로는 몇 cm일까요?

(원주율: 3.1)

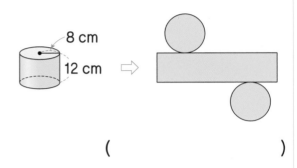

8 cm

12 cm

(   )

94쪽

4 한 모서리의 길이가 24 cm인 정육면체 모양의 상자에 구를 넣었더니 크기가 딱 맞았습니다. 구의 반지름은 몇 cm일까요?

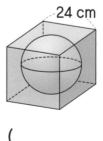

24 cm

(   )

정답 21쪽

94쪽

5 한 모서리의 길이가 30 cm인 정육면체 모양의 상자에 구를 넣었더니 크기가 딱 맞았습니다. 구의 반지름은 몇 cm일까요?

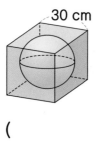

30 cm

(   )

96쪽

6 원기둥과 원뿔의 공통점을 바르게 설명한 것을 찾아 기호를 써 보세요.

> ㉠ 옆면이 모두 굽은 면입니다.
> ㉡ 모두 밑면이 2개입니다.
> ㉢ 모두 꼭짓점이 없습니다.

(   )

96쪽

7 원뿔과 구의 차이점을 바르게 설명한 친구를 찾아 이름을 써 보세요.

> 지호: 원뿔은 밑면이 없고, 구는 밑면 이 있습니다.
> 수민: 원뿔은 굽은 면이 있고, 구는 굽은 면이 없습니다.
> 선경: 원뿔은 꼭짓점이 있고, 구는 꼭짓점이 없습니다.

(   )

8 92쪽   **도전 문제**

원기둥을 펼쳐 전개도를 만들었을 때 옆면의 둘레는 몇 cm일까요? (원주율: 3)

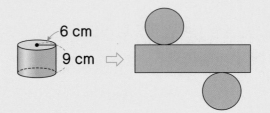

6 cm
9 cm

❶ 옆면의 가로
　　　→ (   )

❷ 옆면의 세로
　　　→ (   )

❸ 옆면의 둘레
　　　→ (   )

1회 실력 평가

1 쌀 12.8 kg을 한 명에게 1.6 kg씩 나누어 주려고 합니다. 몇 명에게 나누어 줄 수 있을까요?

(　　　　　　　　)

2 다음과 같이 한 직선을 중심으로 반원 모양의 종이를 한 바퀴 돌렸을 때 만들어지는 입체도형의 반지름은 몇 cm일까요?

18 cm

(　　　　　　　　)

3 주어진 모양과 똑같이 쌓는 데 필요한 쌓기나무는 몇 개일까요?

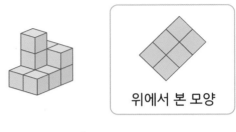

위에서 본 모양

(　　　　　　　　)

4 자동차가 일정한 빠르기로 $1\frac{3}{4}$ km를 가는 데 $1\frac{4}{5}$ 분이 걸렸습니다.
이 자동차가 1분 동안 간 거리는 몇 km일까요?

(　　　　　　　　)

정답 22쪽

5 세영이와 민호가 가진 사탕 수의 비는 5 : 9입니다. 세영이가 15개를 가졌다면 민호는 몇 개를 가졌을까요?

(　　　　　　　　　)

7 쌓기나무로 쌓은 모양을 위, 앞, 옆에서 본 모양입니다. 똑같은 모양으로 쌓는 데 필요한 쌓기나무는 몇 개일까요?

위　　　　앞　　　　옆

(　　　　　　　　　)

6 다은이는 지름이 54 cm인 원 모양의 자전거 바퀴를 3바퀴 굴렸습니다. 자전거 바퀴가 굴러간 거리는 몇 cm일까요? (원주율: 3.1)

(　　　　　　　　　)

8 들이가 10.36 L인 고무대야에 물을 가득 채우려고 합니다. 들이가 0.55 L인 바가지로 물을 적어도 몇 번 부어야 할까요?

(　　　　　　　　　)

2회 실력 평가

1 지우가 마신 식혜는 $\frac{2}{3}$ L이고,

은정이가 마신 식혜는 $\frac{1}{5}$ L입니다.

지우가 마신 식혜의 양은 은정이가
마신 식혜의 양의 몇 배일까요?

(　　　　　　　　)

3 윤지가 모은 재활용품의 무게는
2.5 kg이고, 태하가 모은 재활용품의
무게는 3.5 kg입니다. 윤지와 태하가
모은 재활용품의 무게의 비를 간단한
자연수의 비로 나타내어 보세요.

(　　　　　　　　)

2 원기둥을 펼쳐 전개도를 만들었을 때
옆면의 가로는 몇 cm일까요?
(원주율: 3)

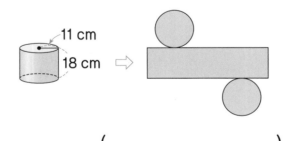

11 cm

18 cm

(　　　　　　　　)

4 어떤 수에 $\frac{5}{8}$ 를 곱했더니 $\frac{4}{9}$ 가

되었습니다. 어떤 수를 구해 보세요.

(　　　　　　　　)

5 색종이 80장을 가 모둠과 나 모둠이 9 : 7로 나누어 가지려고 합니다. 가 모둠과 나 모둠이 각각 몇 장씩 가지게 되는지 구해 보세요.

가 모둠 (   )

나 모둠 (   )

6 몫의 소수 9째 자리 숫자를 구해 보세요.

$$1.7 \div 1.5$$

(   )

7 그림과 같은 직사각형 모양의 종이를 잘라 만들 수 있는 가장 큰 원의 넓이는 몇 cm²일까요? (원주율: 3.14)

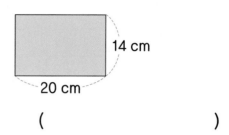

14 cm

20 cm

(   )

8 쌓기나무로 쌓은 모양에 쌓기나무를 몇 개 더 쌓아서 가장 작은 정육면체 모양을 만들려고 합니다. 쌓기나무는 몇 개 더 필요할까요?

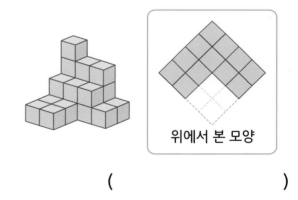

위에서 본 모양

(   )

MEMO

6B
6학년 ◆ 기본

교과서 문해력
수학 문장제

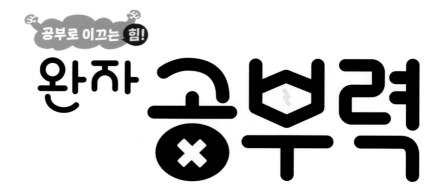

공부로 이끄는 힘!

완자 공부력

직각삼각형을 한 바퀴 돌렸을 때
만들어지는 입체도형은?

정답과 해설

정답과 해설
QR코드

ABOVE IMAGINATION

우리는 남다른 상상과 혁신으로
교육 문화의 새로운 전형을 만들어
모든 이의 행복한 경험과 성장에 기여한다

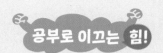

공부로 이끄는 힘!

완자 공부력

교과서 문해력
수학 문장제 기본 6B

〈 정답과 해설 〉

1 분수의 나눗셈

10-11쪽 ❗ 계산 결과를 기약분수나 대분수로 나타내지 않아도 정답으로 인정합니다.

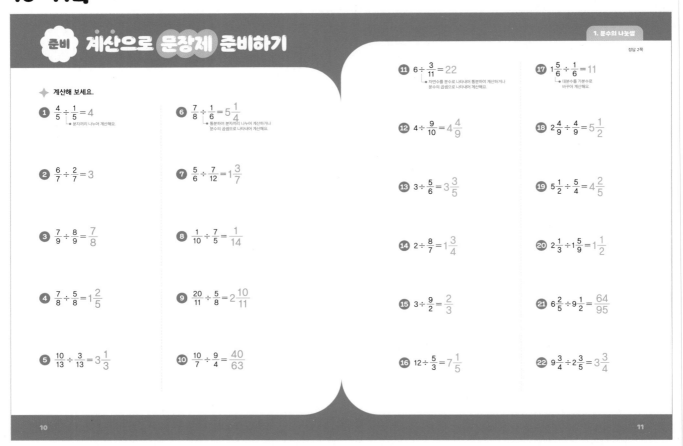

준비 계산으로 문장제 준비하기

1. 분수의 나눗셈

정답 2쪽

◆ 계산해 보세요.

❶ $\frac{4}{5} \div \frac{1}{5} = 4$
↳ 분자끼리 나누어 계산해요.

❷ $\frac{6}{7} \div \frac{2}{7} = 3$

❸ $\frac{7}{9} \div \frac{8}{9} = \frac{7}{8}$

❹ $\frac{7}{8} \div \frac{5}{8} = 1\frac{2}{5}$

❺ $\frac{10}{13} \div \frac{3}{13} = 3\frac{1}{3}$

❻ $\frac{7}{8} \div \frac{1}{5} = 5\frac{1}{4}$
↳ 통분하여 분자끼리 나누어 계산하거나 분수의 곱셈으로 나타내어 계산해요.

❼ $\frac{5}{6} \div \frac{7}{12} = 1\frac{3}{7}$

❽ $\frac{1}{10} \div \frac{7}{5} = \frac{1}{14}$

❾ $\frac{20}{11} \div \frac{5}{8} = 2\frac{10}{11}$

❿ $\frac{10}{7} \div \frac{9}{4} = \frac{40}{63}$

⓫ $6 \div \frac{3}{11} = 22$
↳ 자연수를 분수로 나타내어 통분하여 계산하거나 분수의 곱셈으로 나타내어 계산해요.

⓬ $4 \div \frac{9}{10} = 4\frac{4}{9}$

⓭ $3 \div \frac{5}{6} = 3\frac{3}{5}$

⓮ $2 \div \frac{8}{7} = 1\frac{3}{4}$

⓯ $3 \div \frac{9}{2} = \frac{2}{3}$

⓰ $12 \div \frac{5}{3} = 7\frac{1}{5}$

⓱ $1\frac{5}{6} \div \frac{1}{6} = 11$
↳ 대분수를 가분수로 바꾸어 계산해요.

⓲ $2\frac{4}{9} \div \frac{4}{9} = 5\frac{1}{2}$

⓳ $5\frac{1}{2} \div \frac{5}{4} = 4\frac{2}{5}$

⓴ $2\frac{1}{3} \div 1\frac{5}{9} = 1\frac{1}{2}$

㉑ $6\frac{2}{5} \div 9\frac{1}{2} = \frac{64}{95}$

㉒ $9\frac{3}{4} \div 2\frac{3}{5} = 3\frac{3}{4}$

10
11

12-13쪽 ❗ 계산 결과를 기약분수나 대분수로 나타내지 않아도 정답으로 인정합니다.

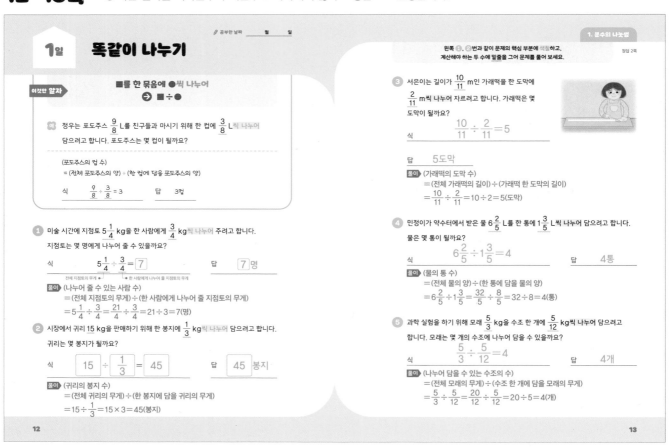

1일 똑같이 나누기

✏ 공부한 날짜   월   일

1. 분수의 나눗셈

왼쪽 ❶, ❷번과 같이 문제의 핵심 부분에 색칠하고, 계산해야 하는 두 수에 밑줄을 그어 문제를 풀어 보세요.

정답 2쪽

이것만 알자

■를 한 묶음에 ●씩 나누어
➡ ■÷●

📖 정우는 포도주스 $\frac{9}{8}$ L를 친구들과 마시기 위해 한 컵에 $\frac{3}{8}$ L씩 나누어 담으려고 합니다. 포도주스는 몇 컵이 될까요?

(포도주스의 컵 수)
= (전체 포도주스의 양) ÷ (한 컵에 담을 포도주스의 양)

식 $\frac{9}{8} \div \frac{3}{8} = 3$ 답   3컵

❶ 미술 시간에 지점토 $5\frac{1}{4}$ kg을 한 사람에게 $\frac{3}{4}$ kg씩 나누어 주려고 합니다. 지점토는 몇 명에게 나누어 줄 수 있을까요?

식 $5\frac{1}{4} \div \frac{3}{4} = \boxed{7}$ 답 $\boxed{7}$ 명
   전체 지점토의 무게 ↳ ↳ 한 사람에게 나누어 줄 지점토의 무게

풀이 (나누어 줄 수 있는 사람 수)
= (전체 지점토의 무게) ÷ (한 사람에게 나누어 줄 지점토의 무게)
= $5\frac{1}{4} \div \frac{3}{4} = \frac{21}{4} \div \frac{3}{4} = 21 \div 3 = 7$(명)

❷ 시장에서 귀리 15 kg을 판매하기 위해 한 봉지에 $\frac{1}{3}$ kg씩 나누어 담으려고 합니다. 귀리는 몇 봉지가 될까요?

식 $\boxed{15} \div \boxed{\frac{1}{3}} = \boxed{45}$ 답 $\boxed{45}$ 봉지

풀이 (귀리의 봉지 수)
= (전체 귀리의 무게) ÷ (한 봉지에 담을 귀리의 무게)
= $15 \div \frac{1}{3} = 15 \times 3 = 45$(봉지)

❸ 서은이는 길이가 $\frac{10}{11}$ m인 가래떡을 한 도막에 $\frac{2}{11}$ m씩 나누어 자르려고 합니다. 가래떡은 몇 도막이 될까요?

식 $\frac{10}{11} \div \frac{2}{11} = 5$

답   5도막

풀이 (가래떡의 도막 수)
= (전체 가래떡의 길이) ÷ (가래떡 한 도막의 길이)
= $\frac{10}{11} \div \frac{2}{11} = 10 \div 2 = 5$(도막)

❹ 민정이가 약수터에서 받은 물 $6\frac{2}{5}$ L를 한 통에 $1\frac{3}{5}$ L씩 나누어 담으려고 합니다. 물은 몇 통이 될까요?

식 $6\frac{2}{5} \div 1\frac{3}{5} = 4$ 답   4통

풀이 (물의 통 수)
= (전체 물의 양) ÷ (한 통에 담을 물의 양)
= $6\frac{2}{5} \div 1\frac{3}{5} = \frac{32}{5} \div \frac{8}{5} = 32 \div 8 = 4$(통)

❺ 과학 실험을 하기 위해 모래 $\frac{5}{3}$ kg을 수조 한 개에 $\frac{5}{12}$ kg씩 나누어 담으려고 합니다. 모래는 몇 개의 수조에 나누어 담을 수 있을까요?

식 $\frac{5}{3} \div \frac{5}{12} = 4$ 답   4개

풀이 (나누어 담을 수 있는 수조의 수)
= (전체 모래의 무게) ÷ (수조 한 개에 담을 모래의 무게)
= $\frac{5}{3} \div \frac{5}{12} = \frac{20}{12} \div \frac{5}{12} = 20 \div 5 = 4$(개)

12
13

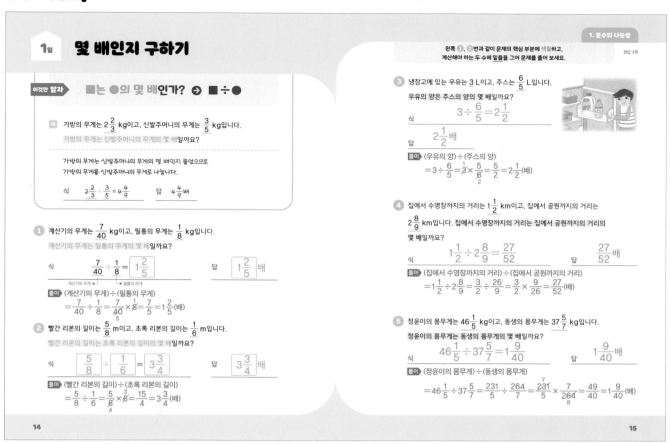

1일 몇 배인지 구하기

이것만 알자 ■는 ●의 몇 배인가? → ■÷●

📝 가방의 무게는 $2\frac{2}{3}$ kg이고, 신발주머니의 무게는 $\frac{3}{5}$ kg입니다.

가방의 무게는 신발주머니의 무게의 몇 배일까요?

가방의 무게는 신발주머니의 무게의 몇 배인지 물었으므로
가방의 무게를 신발주머니의 무게로 나눕니다.

식 $2\frac{2}{3} \div \frac{3}{5} = 4\frac{4}{9}$ 답 $4\frac{4}{9}$배

① 계산기의 무게는 $\frac{7}{40}$ kg이고, 필통의 무게는 $\frac{1}{8}$ kg입니다.

계산기의 무게는 필통의 무게의 몇 배일까요?

식 $\frac{7}{40} \div \frac{1}{8} = 1\frac{2}{5}$ 답 $1\frac{2}{5}$배

풀이 (계산기의 무게)÷(필통의 무게)
$= \frac{7}{40} \div \frac{1}{8} = \frac{7}{40} \times 8 = \frac{7}{5} = 1\frac{2}{5}$(배)

② 빨간 리본의 길이는 $\frac{5}{8}$ m이고, 초록 리본의 길이는 $\frac{1}{6}$ m입니다.

빨간 리본의 길이는 초록 리본의 길이의 몇 배일까요?

식 $\frac{5}{8} \div \frac{1}{6} = 3\frac{3}{4}$ 답 $3\frac{3}{4}$배

풀이 (빨간 리본의 길이)÷(초록 리본의 길이)
$= \frac{5}{8} \div \frac{1}{6} = \frac{5}{8} \times 6 = \frac{15}{4} = 3\frac{3}{4}$(배)

왼쪽 ①, ②번과 같이 문제의 핵심 부분에 색칠하고,
계산해야 하는 두 수에 밑줄을 그어 문제를 풀어 보세요. 정답 3쪽

1. 분수의 나눗셈

③ 냉장고에 있는 우유는 3 L이고, 주스는 $\frac{6}{5}$ L입니다.

우유의 양은 주스의 양의 몇 배일까요?

식 $3 \div \frac{6}{5} = 2\frac{1}{2}$ 답 $2\frac{1}{2}$배

풀이 (우유의 양)÷(주스의 양)
$= 3 \div \frac{6}{5} = 3 \times \frac{5}{6} = \frac{5}{2} = 2\frac{1}{2}$(배)

④ 집에서 수영장까지의 거리는 $1\frac{1}{2}$ km이고, 집에서 공원까지의 거리는
$2\frac{8}{9}$ km입니다. 집에서 수영장까지의 거리는 집에서 공원까지의 거리의
몇 배일까요?

식 $1\frac{1}{2} \div 2\frac{8}{9} = \frac{27}{52}$ 답 $\frac{27}{52}$배

풀이 (집에서 수영장까지의 거리)÷(집에서 공원까지의 거리)
$= 1\frac{1}{2} \div 2\frac{8}{9} = \frac{3}{2} \div \frac{26}{9} = \frac{3}{2} \times \frac{9}{26} = \frac{27}{52}$(배)

⑤ 정윤이의 몸무게는 $46\frac{1}{5}$ kg이고, 동생의 몸무게는 $37\frac{5}{7}$ kg입니다.
정윤이의 몸무게는 동생의 몸무게의 몇 배일까요?

식 $46\frac{1}{5} \div 37\frac{5}{7} = 1\frac{9}{40}$ 답 $1\frac{9}{40}$배

풀이 (정윤이의 몸무게)÷(동생의 몸무게)
$= 46\frac{1}{5} \div 37\frac{5}{7} = \frac{231}{5} \div \frac{264}{7} = \frac{231}{5} \times \frac{7}{264} = \frac{49}{40} = 1\frac{9}{40}$(배)

14   15

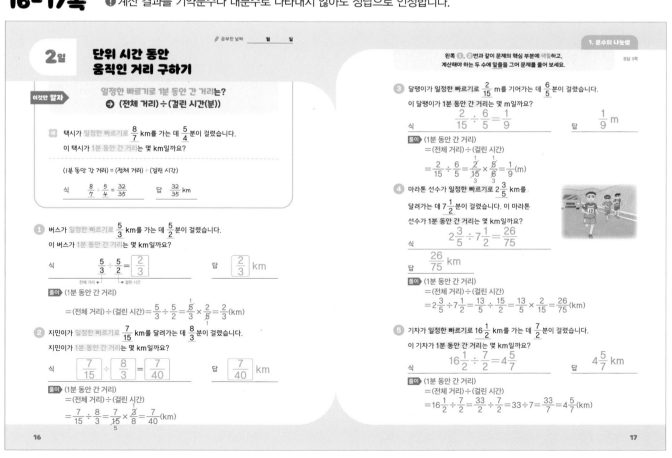

✏️ 공부한 날짜 ____ 월 ____ 일

2일 단위 시간 동안 움직인 거리 구하기

이것만 알자 일정한 빠르기로 1분 동안 간 거리는?
→ (전체 거리)÷(걸린 시간(분))

📝 택시가 일정한 빠르기로 $\frac{8}{7}$ km를 가는 데 $\frac{5}{4}$분이 걸렸습니다.

이 택시가 1분 동안 간 거리는 몇 km일까요?

(1분 동안 간 거리) = (전체 거리)÷(걸린 시간)

식 $\frac{8}{7} \div \frac{5}{4} = \frac{32}{35}$ 답 $\frac{32}{35}$ km

① 버스가 일정한 빠르기로 $\frac{5}{3}$ km를 가는 데 $\frac{5}{2}$분이 걸렸습니다.

이 버스가 1분 동안 간 거리는 몇 km일까요?

식 $\frac{5}{3} \div \frac{5}{2} = \frac{2}{3}$ 답 $\frac{2}{3}$ km

풀이 (1분 동안 간 거리)
$= (전체 거리)÷(걸린 시간) = \frac{5}{3} \div \frac{5}{2} = \frac{5}{3} \times \frac{2}{5} = \frac{2}{3}$(km)

② 지민이가 일정한 빠르기로 $\frac{7}{15}$ km를 달려가는 데 $\frac{8}{3}$분이 걸렸습니다.

지민이가 1분 동안 간 거리는 몇 km일까요?

식 $\frac{7}{15} \div \frac{8}{3} = \frac{7}{40}$ 답 $\frac{7}{40}$ km

풀이 (1분 동안 간 거리)
$= (전체 거리)÷(걸린 시간)$
$= \frac{7}{15} \div \frac{8}{3} = \frac{7}{15} \times \frac{3}{8} = \frac{7}{40}$(km)

왼쪽 ①, ②번과 같이 문제의 핵심 부분에 색칠하고,
계산해야 하는 두 수에 밑줄을 그어 문제를 풀어 보세요. 정답 3쪽

1. 분수의 나눗셈

③ 달팽이가 일정한 빠르기로 $\frac{2}{15}$ m를 기어가는 데 $\frac{6}{5}$분이 걸렸습니다.

이 달팽이가 1분 동안 간 거리는 몇 m일까요?

식 $\frac{2}{15} \div \frac{6}{5} = \frac{1}{9}$ 답 $\frac{1}{9}$ m

풀이 (1분 동안 간 거리)
$= (전체 거리)÷(걸린 시간)$
$= \frac{2}{15} \div \frac{6}{5} = \frac{2}{15} \times \frac{5}{6} = \frac{1}{9}$(m)

④ 마라톤 선수가 일정한 빠르기로 $2\frac{3}{5}$ km를
달려가는 데 $7\frac{1}{2}$분이 걸렸습니다. 이 마라톤
선수가 1분 동안 간 거리는 몇 km일까요?

식 $2\frac{3}{5} \div 7\frac{1}{2} = \frac{26}{75}$

답 $\frac{26}{75}$ km

풀이 (1분 동안 간 거리)
$= (전체 거리)÷(걸린 시간)$
$= 2\frac{3}{5} \div 7\frac{1}{2} = \frac{13}{5} \div \frac{15}{2} = \frac{13}{5} \times \frac{2}{15} = \frac{26}{75}$(km)

⑤ 기차가 일정한 빠르기로 $16\frac{1}{2}$ km를 가는 데 $\frac{7}{2}$분이 걸렸습니다.

이 기차가 1분 동안 간 거리는 몇 km일까요?

식 $16\frac{1}{2} \div \frac{7}{2} = 4\frac{5}{7}$ 답 $4\frac{5}{7}$ km

풀이 (1분 동안 간 거리)
$= (전체 거리)÷(걸린 시간)$
$= 16\frac{1}{2} \div \frac{7}{2} = \frac{33}{2} \div \frac{7}{2} = 33 \div 7 = \frac{33}{7} = 4\frac{5}{7}$(km)

16   17

1 분수의 나눗셈

18-19쪽 ❗계산 결과를 기약분수나 대분수로 나타내지 않아도 정답으로 인정합니다.

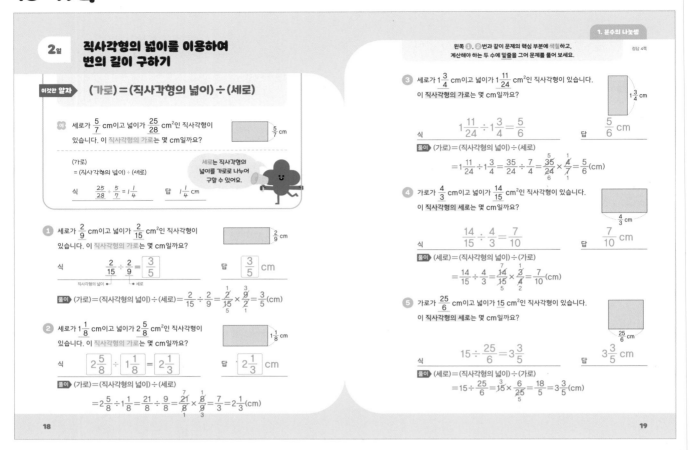

20-21쪽 ❗계산 결과를 기약분수나 대분수로 나타내지 않아도 정답으로 인정합니다.

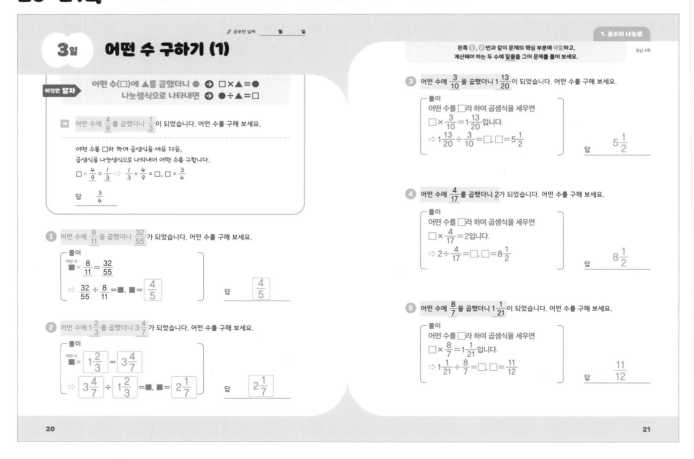

4

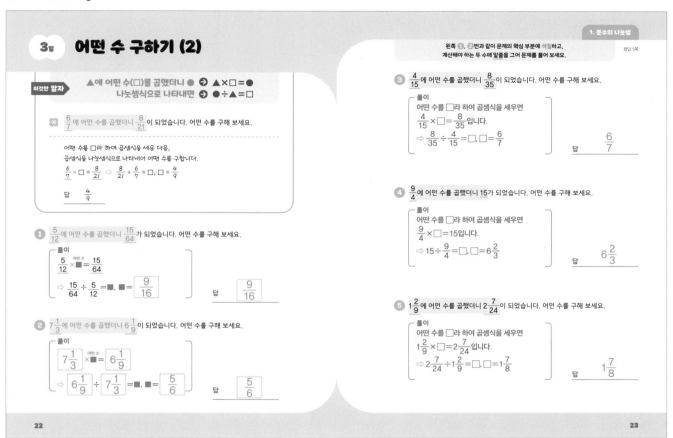

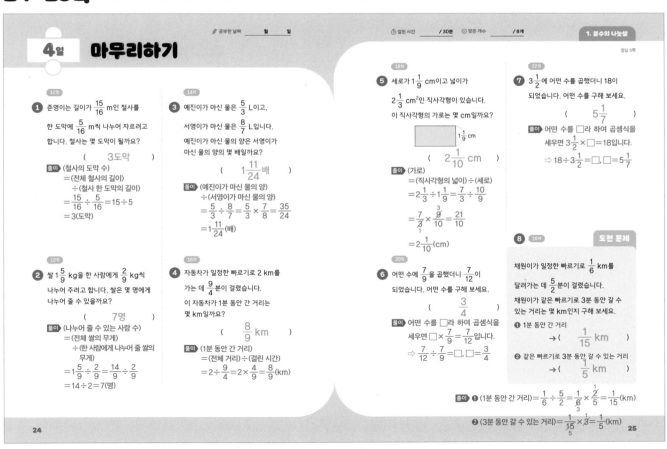

2 소수의 나눗셈

28-29쪽

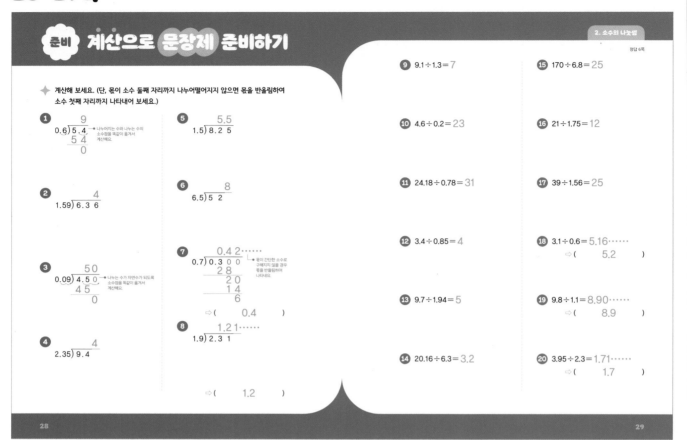

30-31쪽

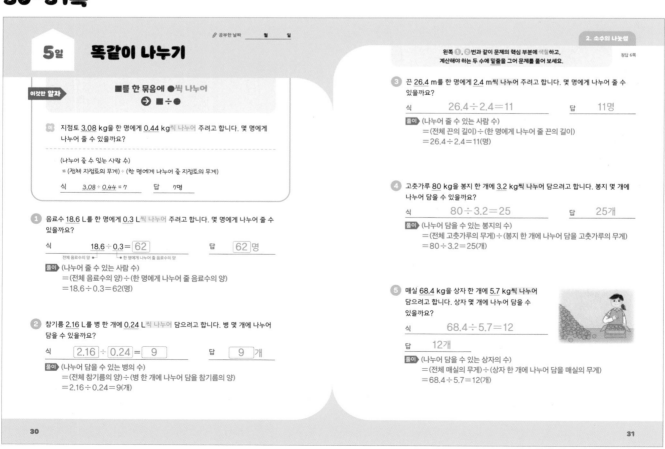

32-33쪽

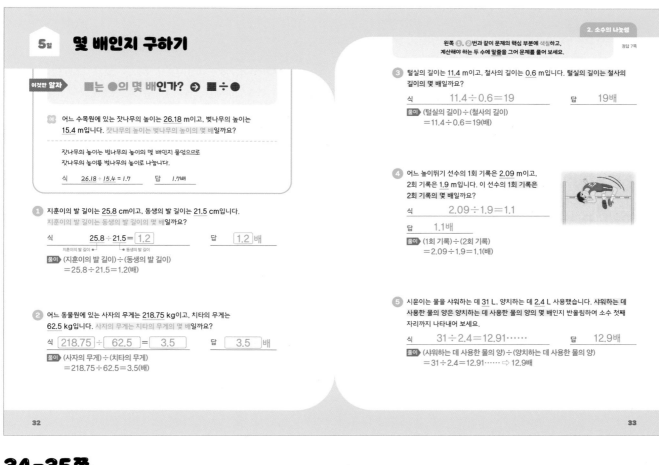

5일 **몇 배인지 구하기**

이것만 알자 ▶ ■는 ●의 몇 배인가? → ■÷●

[문] 어느 수목원에 있는 잣나무의 높이는 26.18 m이고, 벚나무의 높이는 15.4 m입니다. 잣나무의 높이는 벚나무의 높이의 몇 배일까요?

잣나무의 높이는 벚나무의 높이의 몇 배인지 물었으므로 잣나무의 높이를 벚나무의 높이로 나눕니다.

식   26.18÷15.4=1.7   답   1.7배

① 지훈이의 발 길이는 25.8 cm이고, 동생의 발 길이는 21.5 cm입니다. 지훈이의 발 길이는 동생의 발 길이의 몇 배일까요?

식   25.8÷21.5= 1.2   답   1.2 배
    지훈이의 발 길이 ●   ● 동생의 발 길이

풀이 (지훈이의 발 길이)÷(동생의 발 길이)
    =25.8÷21.5=1.2(배)

② 어느 동물원에 있는 사자의 무게는 218.75 kg이고, 치타의 무게는 62.5 kg입니다. 사자의 무게는 치타의 무게의 몇 배일까요?

식   218.75 ÷ 62.5 = 3.5   답   3.5 배

풀이 (사자의 무게)÷(치타의 무게)
    =218.75÷62.5=3.5(배)

왼쪽 ①, ②번과 같이 문제의 핵심 부분에 색칠하고, 계산해야 하는 두 수에 밑줄을 그어 문제를 풀어 보세요.   정답 7쪽

③ 털실의 길이는 11.4 m이고, 철사의 길이는 0.6 m입니다. 털실의 길이는 철사의 길이의 몇 배일까요?

식   11.4÷0.6=19   답   19배

풀이 (털실의 길이)÷(철사의 길이)
    =11.4÷0.6=19(배)

④ 어느 높이뛰기 선수의 1회 기록은 2.09 m이고, 2회 기록은 1.9 m입니다. 이 선수의 1회 기록은 2회 기록의 몇 배일까요?

식   2.09÷1.9=1.1

답   1.1배

풀이 (1회 기록)÷(2회 기록)
    =2.09÷1.9=1.1(배)

⑤ 시윤이는 물을 샤워하는 데 31 L, 양치하는 데 2.4 L 사용했습니다. 샤워하는 데 사용한 물의 양은 양치하는 데 사용한 물의 양의 몇 배인지 반올림하여 소수 첫째 자리까지 나타내어 보세요.

식   31÷2.4=12.91……   답   12.9배

풀이 (샤워하는 데 사용한 물의 양)÷(양치하는 데 사용한 물의 양)
    =31÷2.4=12.91…… ⇨ 12.9배

34-35쪽

✎ 공부한 날짜   월   일

6일 **정다각형의 변의 수 구하기**

이것만 알자 ▶ (변의 수)=(정다각형의 둘레)÷(한 변의 길이)

[문] 현민이는 철사 1.5 m를 겹치지 않게 모두 사용하여 한 변의 길이가 0.25 m인 정다각형을 한 개 만들었습니다. 만든 정다각형의 변의 수는 몇 개일까요?

(변의 수)
= (정다각형의 둘레) ÷ (한 변의 길이)

식   1.5÷0.25=6   답   6개

① 시은이는 철사 1.14 m를 겹치지 않게 모두 사용하여 한 변의 길이가 0.38 m인 정다각형을 한 개 만들었습니다. 만든 정다각형의 변의 수는 몇 개일까요?

식   1.14÷0.38= 3   답   3개
    정다각형의 둘레 ●   ● 한 변의 길이

풀이 (변의 수)
    =(정다각형의 둘레)÷(한 변의 길이)
    =1.14÷0.38=3(개)

② 지환이는 철사 38 cm를 겹치지 않게 모두 사용하여 한 변의 길이가 7.6 cm인 정다각형을 한 개 만들었습니다. 만든 정다각형의 변의 수는 몇 개일까요?

식   38 ÷ 7.6 = 5   답   5 개

풀이 (변의 수)
    =(정다각형의 둘레)÷(한 변의 길이)
    =38÷7.6=5(개)

왼쪽 ①, ②번과 같이 문제의 핵심 부분에 색칠하고, 계산해야 하는 두 수에 밑줄을 그어 문제를 풀어 보세요.   정답 7쪽

③ 수연이는 철사 3.6 m를 겹치지 않게 모두 사용하여 한 변의 길이가 0.45 m인 정다각형을 한 개 만들었습니다. 만든 정다각형의 변의 수는 몇 개일까요?

식   3.6÷0.45=8   답   8개

풀이 (변의 수)
    =(정다각형의 둘레)÷(한 변의 길이)
    =3.6÷0.45=8(개)

④ 윤호는 철사 70 cm를 겹치지 않게 모두 사용하여 한 변의 길이가 17.5 cm인 정다각형을 한 개 만들었습니다. 만든 정다각형의 변의 수는 몇 개일까요?

식   70÷17.5=4   답   4개

풀이 (변의 수)
    =(정다각형의 둘레)÷(한 변의 길이)
    =70÷17.5=4(개)

⑤ 채운이는 철사 1.44 m를 겹치지 않게 모두 사용하여 한 변의 길이가 0.16 m인 정다각형을 한 개 만들었습니다. 만든 정다각형의 변의 수는 몇 개일까요?

식   1.44÷0.16=9   답   9개

풀이 (변의 수)
    =(정다각형의 둘레)÷(한 변의 길이)
    =1.44÷0.16=9(개)

⑥ 선재는 철사 112.8 cm를 겹치지 않게 모두 사용하여 한 변의 길이가 9.4 cm인 정다각형을 한 개 만들었습니다. 만든 정다각형의 변의 수는 몇 개일까요?

식   112.8÷9.4=12   답   12개

풀이 (변의 수)
    =(정다각형의 둘레)÷(한 변의 길이)
    =112.8÷9.4=12(개)

2 소수의 나눗셈

36-37쪽

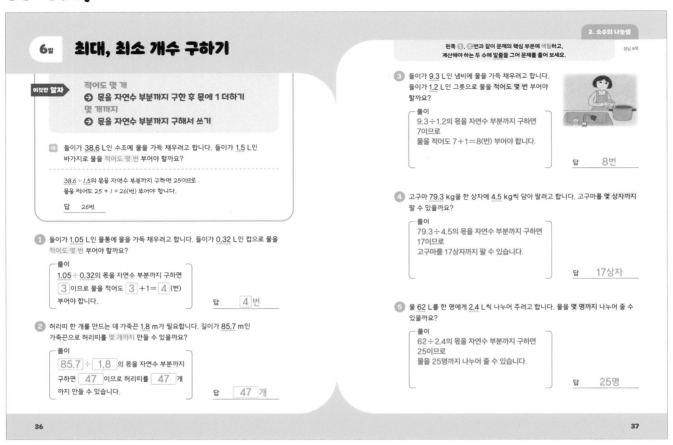

6일 최대, 최소 개수 구하기

이것만 알자

적어도 몇 개
➡ 몫을 자연수 부분까지 구한 후 몫에 1 더하기
몇 개까지
➡ 몫을 자연수 부분까지 구해서 쓰기

예) 들이가 38.6 L인 수조에 물을 가득 채우려고 합니다. 들이가 1.5 L인 바가지로 물을 적어도 몇 번 부어야 할까요?

38.6 ÷ 1.5의 몫을 자연수 부분까지 구하면 25이므로
물을 적어도 25 + 1 = 26(번) 부어야 합니다.

답 26번

1 들이가 1.05 L인 물통에 물을 가득 채우려고 합니다. 들이가 0.32 L인 컵으로 물을 적어도 몇 번 부어야 할까요?

풀이
1.05 ÷ 0.32의 몫을 자연수 부분까지 구하면 3 이므로 물을 적어도 3 + 1 = 4 (번) 부어야 합니다.

답 4 번

2 허리띠 한 개를 만드는 데 가죽끈 1.8 m가 필요합니다. 길이가 85.7 m인 가죽끈으로 허리띠를 몇 개까지 만들 수 있을까요?

풀이
85.7 ÷ 1.8 의 몫을 자연수 부분까지 구하면 47 이므로 허리띠를 47 개까지 만들 수 있습니다.

답 47 개

왼쪽 ①, ②번과 같이 문제의 핵심 부분에 색칠하고, 계산해야 하는 두 수에 밑줄을 그어 문제를 풀어 보세요.

3 들이가 9.3 L인 냄비에 물을 가득 채우려고 합니다. 들이가 1.2 L인 그릇으로 물을 적어도 몇 번 부어야 할까요?

풀이
9.3 ÷ 1.2의 몫을 자연수 부분까지 구하면 7이므로
물을 적어도 7 + 1 = 8(번) 부어야 합니다.

답 8번

4 고구마 79.3 kg을 한 상자에 4.5 kg씩 담아 팔려고 합니다. 고구마를 몇 상자까지 팔 수 있을까요?

풀이
79.3 ÷ 4.5의 몫을 자연수 부분까지 구하면 17이므로
고구마를 17상자까지 팔 수 있습니다.

답 17상자

5 물 62 L를 한 명에게 2.4 L씩 나누어 주려고 합니다. 물을 몇 명까지 나누어 줄 수 있을까요?

풀이
62 ÷ 2.4의 몫을 자연수 부분까지 구하면 25이므로
물을 25명까지 나누어 줄 수 있습니다.

답 25명

38-39쪽

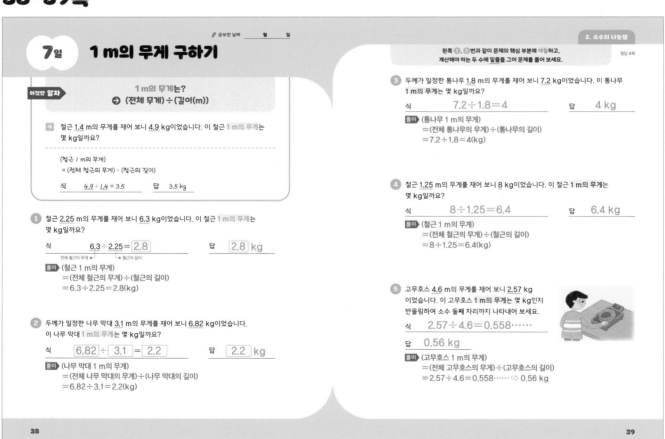

7일 1 m의 무게 구하기

📌 공부한 날짜   월   일

이것만 알자

1 m의 무게는?
➡ (전체 무게) ÷ (길이(m))

예) 철근 1.4 m의 무게를 재어 보니 4.9 kg이었습니다. 이 철근 1 m의 무게는 몇 kg일까요?

(철근 1 m의 무게)
= (전체 철근의 무게) ÷ (철근의 길이)

식 4.9 ÷ 1.4 = 3.5   답 3.5 kg

1 철근 2.25 m의 무게를 재어 보니 6.3 kg이었습니다. 이 철근 1 m의 무게는 몇 kg일까요?

식 6.3 ÷ 2.25 = 2.8   답 2.8 kg
전체 철근의 무게 ↑   ↑ 철근의 길이

풀이 (철근 1 m의 무게)
= (전체 철근의 무게) ÷ (철근의 길이)
= 6.3 ÷ 2.25 = 2.8(kg)

2 두께가 일정한 나무 막대 3.1 m의 무게를 재어 보니 6.82 kg이었습니다. 이 나무 막대 1 m의 무게는 몇 kg일까요?

식 6.82 ÷ 3.1 = 2.2   답 2.2 kg

풀이 (나무 막대 1 m의 무게)
= (전체 나무 막대의 무게) ÷ (나무 막대의 길이)
= 6.82 ÷ 3.1 = 2.2(kg)

왼쪽 ①, ②번과 같이 문제의 핵심 부분에 색칠하고, 계산해야 하는 두 수에 밑줄을 그어 문제를 풀어 보세요.

3 두께가 일정한 통나무 1.8 m의 무게를 재어 보니 7.2 kg이었습니다. 이 통나무 1 m의 무게는 몇 kg일까요?

식 7.2 ÷ 1.8 = 4   답 4 kg

풀이 (통나무 1 m의 무게)
= (전체 통나무의 무게) ÷ (통나무의 길이)
= 7.2 ÷ 1.8 = 4(kg)

4 철근 1.25 m의 무게를 재어 보니 8 kg이었습니다. 이 철근 1 m의 무게는 몇 kg일까요?

식 8 ÷ 1.25 = 6.4   답 6.4 kg

풀이 (철근 1 m의 무게)
= (전체 철근의 무게) ÷ (철근의 길이)
= 8 ÷ 1.25 = 6.4(kg)

5 고무호스 4.6 m의 무게를 재어 보니 2.57 kg이었습니다. 이 고무호스 1 m의 무게는 몇 kg인지 반올림하여 소수 둘째 자리까지 나타내어 보세요.

식 2.57 ÷ 4.6 = 0.558……

답 0.56 kg

풀이 (고무호스 1 m의 무게)
= (전체 고무호스의 무게) ÷ (고무호스의 길이)
= 2.57 ÷ 4.6 = 0.558…… ➡ 0.56 kg

40-41쪽

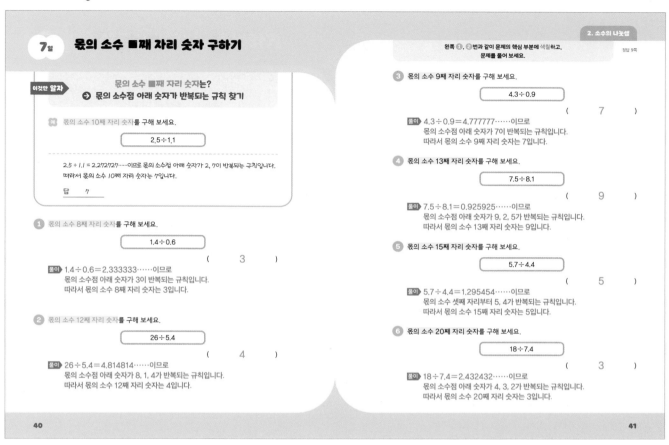

7일 몫의 소수 ■째 자리 숫자 구하기

이것만 알자

몫의 소수 ■째 자리 숫자는?
➡ 몫의 소수점 아래 숫자가 반복되는 규칙 찾기

예 몫의 소수 10째 자리 숫자를 구해 보세요.

2.5÷1.1

2.5÷1.1=2.272727······이므로 몫의 소수점 아래 숫자가 2, 7이 반복되는 규칙입니다.
따라서 몫의 소수 10째 자리 숫자는 7입니다.

답 7

1 몫의 소수 8째 자리 숫자를 구해 보세요.

1.4÷0.6

(3)

풀이 1.4÷0.6=2.333333······이므로
몫의 소수점 아래 숫자가 3이 반복되는 규칙입니다.
따라서 몫의 소수 8째 자리 숫자는 3입니다.

2 몫의 소수 12째 자리 숫자를 구해 보세요.

26÷5.4

(4)

풀이 26÷5.4=4.814814······이므로
몫의 소수점 아래 숫자가 8, 1, 4가 반복되는 규칙입니다.
따라서 몫의 소수 12째 자리 숫자는 4입니다.

왼쪽 **①**, **②**번과 같이 문제의 핵심 부분을 색칠하고, 문제를 풀어 보세요. 정답 9쪽

3 몫의 소수 9째 자리 숫자를 구해 보세요.

4.3÷0.9

(7)

풀이 4.3÷0.9=4.777777······이므로
몫의 소수점 아래 숫자가 7이 반복되는 규칙입니다.
따라서 몫의 소수 9째 자리 숫자는 7입니다.

4 몫의 소수 13째 자리 숫자를 구해 보세요.

7.5÷8.1

(9)

풀이 7.5÷8.1=0.925925······이므로
몫의 소수점 아래 숫자가 9, 2, 5가 반복되는 규칙입니다.
따라서 몫의 소수 13째 자리 숫자는 9입니다.

5 몫의 소수 15째 자리 숫자를 구해 보세요.

5.7÷4.4

(5)

풀이 5.7÷4.4=1.295454······이므로
몫의 소수 셋째 자리부터 5, 4가 반복되는 규칙입니다.
따라서 몫의 소수 15째 자리 숫자는 5입니다.

6 몫의 소수 20째 자리 숫자를 구해 보세요.

18÷7.4

(3)

풀이 18÷7.4=2.432432······이므로
몫의 소수점 아래 숫자가 4, 3, 2가 반복되는 규칙입니다.
따라서 몫의 소수 20째 자리 숫자는 3입니다.

40

41

42-43쪽

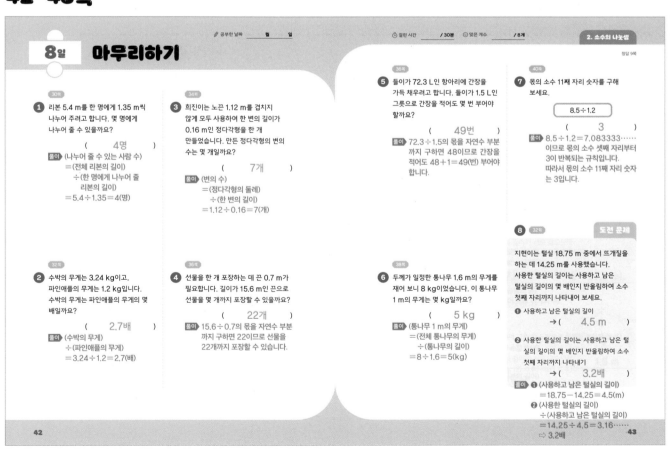

8일 마무리하기

✏ 공부한 날짜 　월　일　⏱ 걸린 시간 /30분　☺ 맞은 개수 /8개

정답 9쪽

30쪽
1 리본 5.4 m를 한 명에게 1.35 m씩 나누어 주려고 합니다. 몇 명에게 나누어 줄 수 있을까요?

(4명)

풀이 (나누어 줄 수 있는 사람 수)
＝(전체 리본의 길이)
　÷(한 명에게 나누어 줄 리본의 길이)
＝5.4÷1.35＝4(명)

32쪽
2 수박의 무게는 3.24 kg이고, 파인애플의 무게는 1.2 kg입니다. 수박의 무게는 파인애플의 무게의 몇 배일까요?

(2.7배)

풀이 (수박의 무게)
　÷(파인애플의 무게)
＝3.24÷1.2＝2.7(배)

34쪽
3 희진이는 노끈 1.12 m를 겹치지 않게 모두 사용하여 한 변의 길이가 0.16 m인 정다각형을 한 개 만들었습니다. 만든 정다각형의 변의 수는 몇 개일까요?

(7개)

풀이 (변의 수)
＝(정다각형의 둘레)
　÷(한 변의 길이)
＝1.12÷0.16＝7(개)

36쪽
4 선물을 한 개 포장하는 데 끈 0.7 m가 필요합니다. 길이가 15.6 m인 끈으로 선물을 몇 개까지 포장할 수 있을까요?

(22개)

풀이 15.6÷0.7의 몫을 자연수 부분까지 구하면 22이므로 선물을 22개까지 포장할 수 있습니다.

36쪽
5 들이가 72.3 L인 항아리에 간장을 가득 채우려고 합니다. 들이가 1.5 L인 그릇으로 간장을 적어도 몇 번 부어야 할까요?

(49번)

풀이 72.3÷1.5의 몫을 자연수 부분까지 구하면 48이므로 간장을 적어도 48+1＝49(번) 부어야 합니다.

38쪽
6 두께가 일정한 통나무 1.6 m의 무게를 재어 보니 8 kg이었습니다. 이 통나무 1 m의 무게는 몇 kg일까요?

(5 kg)

풀이 (통나무 1 m의 무게)
＝(전체 통나무의 무게)
　÷(통나무의 길이)
＝8÷1.6＝5(kg)

40쪽
7 몫의 소수 11째 자리 숫자를 구해 보세요.

8.5÷1.2

(3)

풀이 8.5÷1.2＝7.083333······
이므로 몫의 소수 셋째 자리부터 3이 반복되는 규칙입니다.
따라서 몫의 소수 11째 자리 숫자는 3입니다.

32쪽
8 **도전 문제**

지현이는 털실 18.75 m 중에서 뜨개질을 하는 데 14.25 m를 사용했습니다. 사용한 털실의 길이는 남은 털실의 길이의 몇 배인지 반올림하여 소수 첫째 자리까지 나타내어 보세요.

① 사용하고 남은 털실의 길이
➡ (4.5 m)

② 사용한 털실의 길이는 사용하고 남은 털실의 길이의 몇 배인지 반올림하여 소수 첫째 자리까지 나타내기
➡ (3.2배)

풀이 **①** (사용하고 남은 털실의 길이)
＝18.75－14.25＝4.5(m)
② (사용한 털실의 길이)
　÷(사용하고 남은 털실의 길이)
＝14.25÷4.5＝3.16······
⇨ 3.2배

42

43

9

3 공간과 입체

46-47쪽

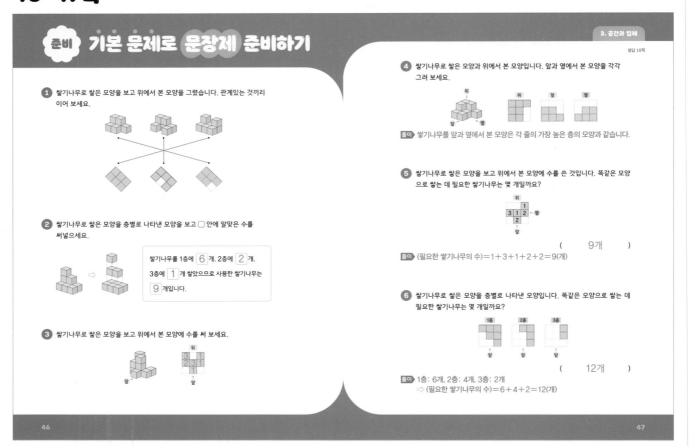

준비 **기본 문제로 문장제 준비하기**

정답 10쪽

1 쌓기나무로 쌓은 모양을 보고 위에서 본 모양을 그렸습니다. 관계있는 것끼리 이어 보세요.

2 쌓기나무로 쌓은 모양을 층별로 나타낸 모양을 보고 ☐ 안에 알맞은 수를 써넣으세요.

쌓기나무를 1층에 **6** 개, 2층에 **2** 개, 3층에 **1** 개 쌓았으므로 사용한 쌓기나무는 **9** 개입니다.

3 쌓기나무로 쌓은 모양을 보고 위에서 본 모양에 수를 써 보세요.

4 쌓기나무로 쌓은 모양과 위에서 본 모양입니다. 앞과 옆에서 본 모양을 각각 그려 보세요.

풀이 쌓기나무를 앞과 옆에서 본 모양은 각 줄의 가장 높은 층의 모양과 같습니다.

5 쌓기나무로 쌓은 모양을 보고 위에서 본 모양에 수를 쓴 것입니다. 똑같은 모양으로 쌓는 데 필요한 쌓기나무는 몇 개일까요?

(9개)

풀이 (필요한 쌓기나무의 수)=1+3+1+2+2=9(개)

6 쌓기나무로 쌓은 모양을 층별로 나타낸 모양입니다. 똑같은 모양으로 쌓는 데 필요한 쌓기나무는 몇 개일까요?

(12개)

풀이 1층: 6개, 2층: 4개, 3층: 2개
⇨ (필요한 쌓기나무의 수)=6+4+2=12(개)

46

47

48-49쪽

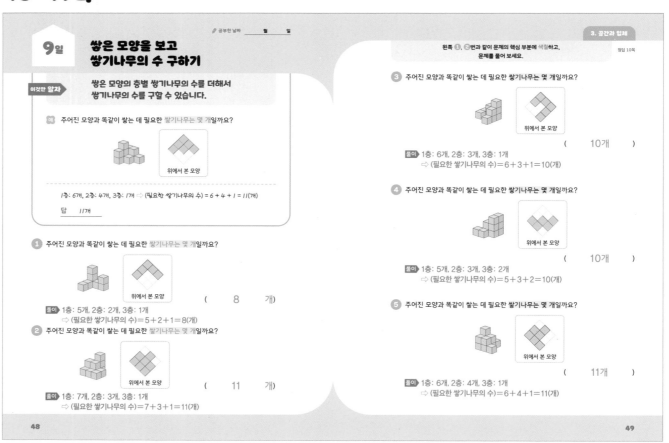

✎ 공부한 날짜   월   일

9일 **쌓은 모양을 보고
쌓기나무의 수 구하기**

이것만 알자 쌓은 모양의 층별 쌓기나무의 수를 더해서 쌓기나무의 수를 구할 수 있습니다.

예 주어진 모양과 똑같이 쌓는 데 필요한 쌓기나무는 몇 개일까요?

위에서 본 모양

1층: 6개, 2층: 4개, 3층: 1개 ⇨ (필요한 쌓기나무의 수) = 6 + 4 + 1 = 11(개)

답   11개

1 주어진 모양과 똑같이 쌓는 데 필요한 쌓기나무는 몇 개일까요?

위에서 본 모양

(8 개)

풀이 1층: 5개, 2층: 2개, 3층: 1개
⇨ (필요한 쌓기나무의 수)=5+2+1=8(개)

2 주어진 모양과 똑같이 쌓는 데 필요한 쌓기나무는 몇 개일까요?

위에서 본 모양

(11 개)

풀이 1층: 7개, 2층: 3개, 3층: 1개
⇨ (필요한 쌓기나무의 수)=7+3+1=11(개)

원쪽 **1**, **2**번과 같이 문제의 핵심 부분에 색칠하고,
문제를 풀어 보세요.

정답 10쪽

3 주어진 모양과 똑같이 쌓는 데 필요한 쌓기나무는 몇 개일까요?

위에서 본 모양

(10개)

풀이 1층: 6개, 2층: 3개, 3층: 1개
⇨ (필요한 쌓기나무의 수)=6+3+1=10(개)

4 주어진 모양과 똑같이 쌓는 데 필요한 쌓기나무는 몇 개일까요?

위에서 본 모양

(10개)

풀이 1층: 5개, 2층: 3개, 3층: 2개
⇨ (필요한 쌓기나무의 수)=5+3+2=10(개)

5 주어진 모양과 똑같이 쌓는 데 필요한 쌓기나무는 몇 개일까요?

위에서 본 모양

(11개)

풀이 1층: 6개, 2층: 4개, 3층: 1개
⇨ (필요한 쌓기나무의 수)=6+4+1=11(개)

48

49

50-51쪽

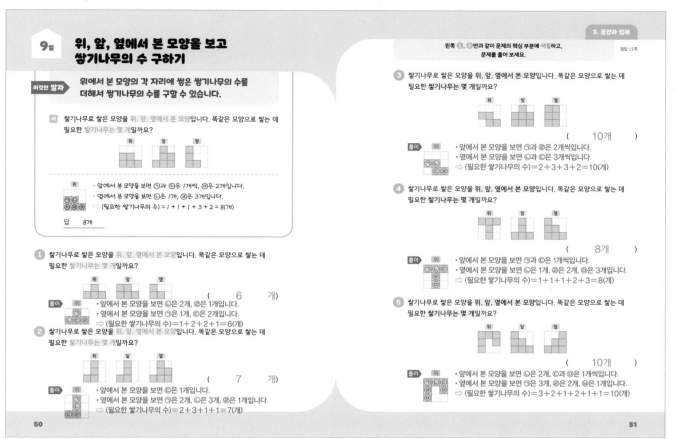

9일 위, 앞, 옆에서 본 모양을 보고 쌓기나무의 수 구하기

이것만 알자 위에서 본 모양의 각 자리에 쌓은 쌓기나무의 수를 더해서 쌓기나무의 수를 구할 수 있습니다.

예) 쌓기나무로 쌓은 모양을 위, 앞, 옆에서 본 모양입니다. 똑같은 모양으로 쌓는 데 필요한 쌓기나무는 몇 개일까요?

· 앞에서 본 모양을 보면 ㉠과 ㉢은 1개씩, ㉡은 2개입니다.
· 옆에서 본 모양을 보면 ㉣은 1개, ㉠은 3개입니다.
· (필요한 쌓기나무의 수)＝1＋1＋1＋3＋2＝8(개)

답 8개

① 쌓기나무로 쌓은 모양을 위, 앞, 옆에서 본 모양입니다. 똑같은 모양으로 쌓는 데 필요한 쌓기나무는 몇 개일까요?

(6)개

풀이 · 앞에서 본 모양을 보면 ㉡은 2개, ㉣은 1개입니다.
· 옆에서 본 모양을 보면 ㉠은 1개, ㉢은 2개입니다.
· (필요한 쌓기나무의 수)＝1＋2＋2＋1＝6(개)

② 쌓기나무로 쌓은 모양을 위, 앞, 옆에서 본 모양입니다. 똑같은 모양으로 쌓는 데 필요한 쌓기나무는 몇 개일까요?

(7)개

풀이 · 앞에서 본 모양을 보면 ㉢은 1개입니다.
· 옆에서 본 모양을 보면 ㉠은 2개, ㉡은 3개, ㉣은 1개입니다.
· (필요한 쌓기나무의 수)＝2＋3＋1＋1＝7(개)

왼쪽 ①, ②번과 같이 문제의 핵심 부분에 색칠하고, 문제를 풀어 보세요. 정답 11쪽

③ 쌓기나무로 쌓은 모양을 위, 앞, 옆에서 본 모양입니다. 똑같은 모양으로 쌓는 데 필요한 쌓기나무는 몇 개일까요?

(10개)

풀이 · 앞에서 본 모양을 보면 ㉠과 ㉣은 2개씩입니다.
· 옆에서 본 모양을 보면 ㉡과 ㉢은 3개씩입니다.
· (필요한 쌓기나무의 수)＝2＋3＋3＋2＝10(개)

④ 쌓기나무로 쌓은 모양을 위, 앞, 옆에서 본 모양입니다. 똑같은 모양으로 쌓는 데 필요한 쌓기나무는 몇 개일까요?

(8개)

풀이 · 앞에서 본 모양을 보면 ㉠과 ㉢은 1개씩입니다.
· 옆에서 본 모양을 보면 ㉡은 1개, ㉣은 2개, ㉤은 3개입니다.
· (필요한 쌓기나무의 수)＝1＋1＋1＋2＋3＝8(개)

⑤ 쌓기나무로 쌓은 모양을 위, 앞, 옆에서 본 모양입니다. 똑같은 모양으로 쌓는 데 필요한 쌓기나무는 몇 개일까요?

(10개)

풀이 · 앞에서 본 모양을 보면 ㉡은 2개, ㉢과 ㉤은 1개씩입니다.
· 옆에서 본 모양을 보면 ㉠은 3개, ㉣은 2개, ㉥은 1개입니다.
· (필요한 쌓기나무의 수)＝3＋2＋1＋2＋1＋1＝10(개)

50

51

52-53쪽

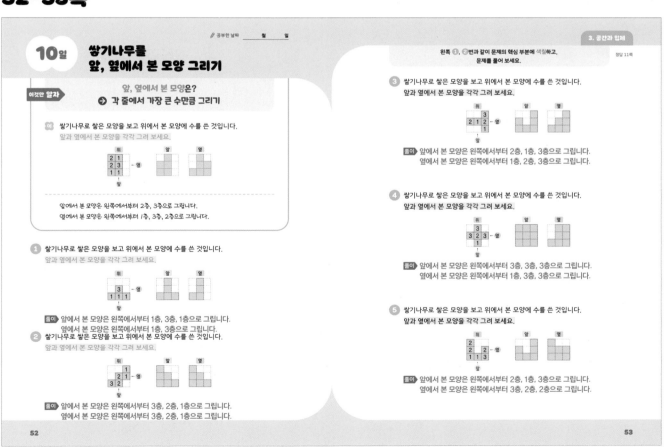

10일 쌓기나무를 앞, 옆에서 본 모양 그리기

공부한 날짜   월   일

이것만 알자 앞, 옆에서 본 모양은?
➡ 각 줄에서 가장 큰 수만큼 그리기

예) 쌓기나무로 쌓은 모양을 보고 위에서 본 모양에 수를 쓴 것입니다. 앞과 옆에서 본 모양을 각각 그려 보세요.

앞에서 본 모양은 왼쪽에서부터 2층, 3층으로 그립니다.
옆에서 본 모양은 왼쪽에서부터 1층, 3층, 2층으로 그립니다.

① 쌓기나무로 쌓은 모양을 보고 위에서 본 모양에 수를 쓴 것입니다. 앞과 옆에서 본 모양을 각각 그려 보세요.

풀이 앞에서 본 모양은 왼쪽에서부터 1층, 3층, 1층으로 그립니다.
옆에서 본 모양은 왼쪽에서부터 1층, 3층으로 그립니다.

② 쌓기나무로 쌓은 모양을 보고 위에서 본 모양에 수를 쓴 것입니다. 앞과 옆에서 본 모양을 각각 그려 보세요.

풀이 앞에서 본 모양은 왼쪽에서부터 3층, 2층, 1층으로 그립니다.
옆에서 본 모양은 왼쪽에서부터 3층, 2층, 1층으로 그립니다.

왼쪽 ①, ②번과 같이 문제의 핵심 부분에 색칠하고, 문제를 풀어 보세요. 정답 11쪽

③ 쌓기나무로 쌓은 모양을 보고 위에서 본 모양에 수를 쓴 것입니다. 앞과 옆에서 본 모양을 각각 그려 보세요.

풀이 앞에서 본 모양은 왼쪽에서부터 2층, 1층, 3층으로 그립니다.
옆에서 본 모양은 왼쪽에서부터 1층, 2층, 3층으로 그립니다.

④ 쌓기나무로 쌓은 모양을 보고 위에서 본 모양에 수를 쓴 것입니다. 앞과 옆에서 본 모양을 각각 그려 보세요.

풀이 앞에서 본 모양은 왼쪽에서부터 3층, 3층, 3층으로 그립니다.
옆에서 본 모양은 왼쪽에서부터 1층, 3층, 3층으로 그립니다.

⑤ 쌓기나무로 쌓은 모양을 보고 위에서 본 모양에 수를 쓴 것입니다. 앞과 옆에서 본 모양을 각각 그려 보세요.

풀이 앞에서 본 모양은 왼쪽에서부터 2층, 1층, 3층으로 그립니다.
옆에서 본 모양은 왼쪽에서부터 3층, 2층, 2층으로 그립니다.

52

53

11

3 공간과 입체

54-55쪽

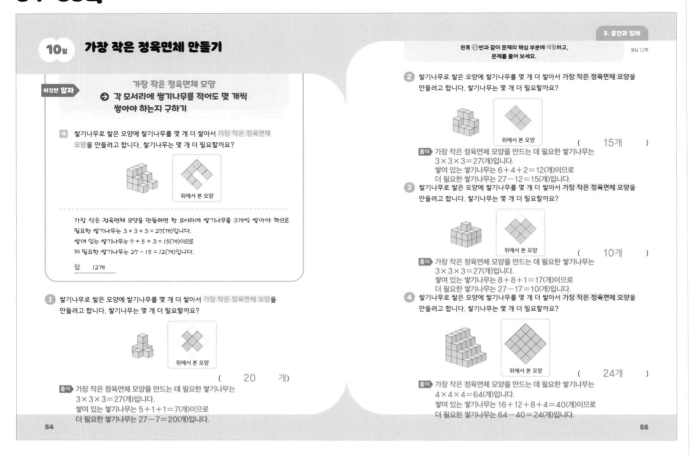

10일 가장 작은 정육면체 만들기

이것만 알자

가장 작은 정육면체 모양
→ 각 모서리에 쌓기나무를 적어도 몇 개씩 쌓아야 하는지 구하기

쌓기나무로 쌓은 모양에 쌓기나무를 몇 개 더 쌓아서 가장 작은 정육면체 모양을 만들려고 합니다. 쌓기나무는 몇 개 더 필요할까요?

위에서 본 모양

가장 작은 정육면체 모양을 만들려면 한 모서리에 쌓기나무를 3개씩 쌓아야 하므로 필요한 쌓기나무는 3 × 3 × 3 = 27(개)입니다.
쌓여 있는 쌓기나무는 7 + 5 + 3 = 15(개)이므로
더 필요한 쌓기나무는 27 − 15 = 12(개)입니다.

답 12개

① 쌓기나무로 쌓은 모양에 쌓기나무를 몇 개 더 쌓아서 가장 작은 정육면체 모양을 만들려고 합니다. 쌓기나무는 몇 개 더 필요할까요?

위에서 본 모양

(20 개)

풀이 가장 작은 정육면체 모양을 만드는 데 필요한 쌓기나무는
3 × 3 × 3 = 27(개)입니다.
쌓여 있는 쌓기나무는 5 + 1 + 1 = 7(개)이므로
더 필요한 쌓기나무는 27 − 7 = 20(개)입니다.

왼쪽 ①번과 같이 문제의 핵심 부분에 색칠하고, 문제를 풀어 보세요.

정답 12쪽

② 쌓기나무로 쌓은 모양에 쌓기나무를 몇 개 더 쌓아서 가장 작은 정육면체 모양을 만들려고 합니다. 쌓기나무는 몇 개 더 필요할까요?

위에서 본 모양

(15개)

풀이 가장 작은 정육면체 모양을 만드는 데 필요한 쌓기나무는
3 × 3 × 3 = 27(개)입니다.
쌓여 있는 쌓기나무는 6 + 4 + 2 = 12(개)이므로
더 필요한 쌓기나무는 27 − 12 = 15(개)입니다.

③ 쌓기나무로 쌓은 모양에 쌓기나무를 몇 개 더 쌓아서 가장 작은 정육면체 모양을 만들려고 합니다. 쌓기나무는 몇 개 더 필요할까요?

위에서 본 모양

(10개)

풀이 가장 작은 정육면체 모양을 만드는 데 필요한 쌓기나무는
3 × 3 × 3 = 27(개)입니다.
쌓여 있는 쌓기나무는 8 + 8 + 1 = 17(개)이므로
더 필요한 쌓기나무는 27 − 17 = 10(개)입니다.

④ 쌓기나무로 쌓은 모양에 쌓기나무를 몇 개 더 쌓아서 가장 작은 정육면체 모양을 만들려고 합니다. 쌓기나무는 몇 개 더 필요할까요?

위에서 본 모양

(24개)

풀이 가장 작은 정육면체 모양을 만드는 데 필요한 쌓기나무는
4 × 4 × 4 = 64(개)입니다.
쌓여 있는 쌓기나무는 16 + 12 + 8 + 4 = 40(개)이므로
더 필요한 쌓기나무는 64 − 40 = 24(개)입니다.

54 / 55

56-57쪽

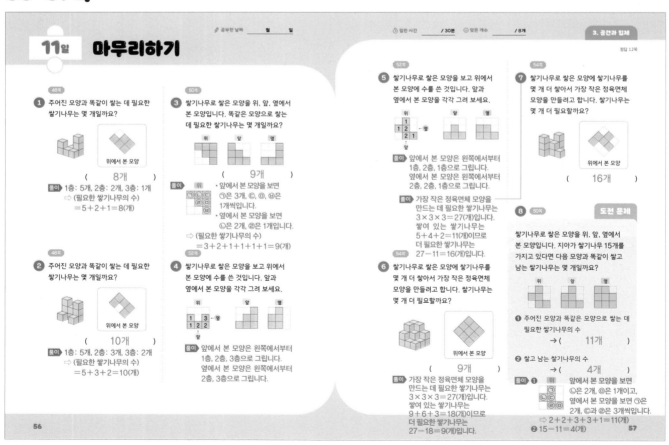

✏ 공부한 날짜 　월　일　　　⏱ 걸린 시간 　/30분　　맞은 개수 　/8개

11일 마무리하기

정답 12쪽

48쪽
① 주어진 모양과 똑같이 쌓는 데 필요한 쌓기나무는 몇 개일까요?

위에서 본 모양

(8개)

풀이 1층: 5개, 2층: 2개, 3층: 1개
⇨ (필요한 쌓기나무의 수)
= 5 + 2 + 1 = 8(개)

48쪽
② 주어진 모양과 똑같이 쌓는 데 필요한 쌓기나무는 몇 개일까요?

위에서 본 모양

(10개)

풀이 1층: 5개, 2층: 3개, 3층: 2개
⇨ (필요한 쌓기나무의 수)
= 5 + 3 + 2 = 10(개)

50쪽
③ 쌓기나무로 쌓은 모양을 위, 앞, 옆에서 본 모양입니다. 똑같은 모양으로 쌓는 데 필요한 쌓기나무는 몇 개일까요?

위　앞　옆

(9개)

풀이
위
• 앞에서 본 모양을 보면
㉠은 3개, ㉢, ㉣, ㉤은 1개씩입니다.
• 옆에서 본 모양을 보면
㉡은 2개, ㉣은 1개입니다.
⇨ (필요한 쌓기나무의 수)
= 3 + 2 + 1 + 1 + 1 + 1 = 9(개)

50쪽
④ 쌓기나무로 쌓은 모양을 보고 위에서 본 모양에 수를 쓴 것입니다. 앞과 옆에서 본 모양을 각각 그려 보세요.

위
| 1 | | 3 | ⎯ 옆
| 1 | 2 | |
앞

풀이 앞에서 본 모양은 왼쪽에서부터
1층, 2층, 3층으로 그립니다.
옆에서 본 모양은 왼쪽에서부터
2층, 3층으로 그립니다.

52쪽
⑤ 쌓기나무로 쌓은 모양을 보고 위에서 본 모양에 수를 쓴 것입니다. 앞과 옆에서 본 모양을 각각 그려 보세요.

위
| 1 | | ⎯ 옆
| 1 | 2 | |
| | 2 | 1 |
앞

풀이 앞에서 본 모양은 왼쪽에서부터
1층, 2층, 1층으로 그립니다.
옆에서 본 모양은 왼쪽에서부터
2층, 2층, 1층으로 그립니다.

54쪽
⑥ 쌓기나무로 쌓은 모양에 쌓기나무를 몇 개 더 쌓아서 가장 작은 정육면체 모양을 만들려고 합니다. 쌓기나무는 몇 개 더 필요할까요?

위에서 본 모양

(9개)

풀이 가장 작은 정육면체 모양을 만드는 데 필요한 쌓기나무는
3 × 3 × 3 = 27(개)입니다.
쌓여 있는 쌓기나무는
9 + 6 + 3 = 18(개)이므로
더 필요한 쌓기나무는
27 − 18 = 9(개)입니다.

54쪽
⑦ 쌓기나무로 쌓은 모양에 쌓기나무를 몇 개 더 쌓아서 가장 작은 정육면체 모양을 만들려고 합니다. 쌓기나무는 몇 개 더 필요할까요?

위에서 본 모양

(16개)

풀이 가장 작은 정육면체 모양을 만드는 데 필요한 쌓기나무는
3 × 3 × 3 = 27(개)입니다.
쌓여 있는 쌓기나무는
5 + 4 + 2 = 11(개)이므로
더 필요한 쌓기나무는
27 − 11 = 16(개)입니다.

50쪽
⑧ **도전 문제**

쌓기나무로 쌓은 모양을 위, 앞, 옆에서 본 모양입니다. 지아가 쌓기나무 15개를 가지고 있다면 다음 모양과 똑같이 쌓고 남는 쌓기나무는 몇 개일까요?

위　앞　옆

❶ 주어진 모양과 똑같은 모양으로 쌓는 데 필요한 쌓기나무의 수
→ (11개)

❷ 쌓고 남는 쌓기나무의 수
→ (4개)

풀이 ❶ 앞에서 본 모양을 보면
㉢은 2개, ㉣은 1개이고,
옆에서 본 모양을 보면 ㉠은
2개, ㉡과 ㉢은 3개씩입니다.
⇨ 2 + 2 + 3 + 3 + 1 = 11(개)
❷ 15 − 11 = 4(개)

56 / 57

4 비례식과 비례배분

60-61쪽

준비 기본 문제로 문장제 준비하기

정답 13쪽

❶ 비의 성질을 이용하여 15 : 24와 비율이 같은 비를 구하려고 합니다. ☐ 안에 알맞은 수를 써넣으세요.

(1)
×4
15 : 24 → 60 : 96
×4

(2)
÷3
15 : 24 → 5 : 8
÷3

❷ 간단한 자연수의 비로 나타내어 보세요.

(1) 2.3 : 1.1 ⇨ (예 23 : 11)

(2) 64 : 56 ⇨ (예 8 : 7)

(3) $\frac{3}{8} : \frac{5}{6}$ ⇨ (예 9 : 20)

(4) $\frac{2}{5} : 0.8$ ⇨ (예 1 : 2)

❸ 비율이 같은 두 비를 찾아 비례식을 만들어 보세요.

| 10 : 6 | 4 : 7 | 20 : 35 |

4 : 7 = 20 : 35 또는 20 : 35 = 4 : 7

풀이 10 : 6의 비율 ⇨ $\frac{10}{6} = \frac{5}{3}$, 4 : 7의 비율 ⇨ $\frac{4}{7}$, 20 : 35의 비율 ⇨ $\frac{20}{35} = \frac{4}{7}$

4 : 7과 20 : 35의 비율이 같으므로 비례식을 세우면 4 : 7 = 20 : 35 또는 20 : 35 = 4 : 7입니다.

❹ 비례식 2 : 8 = 8 : 32의 외항의 곱과 내항의 곱을 각각 구하고, 알맞은 말에 ◯표 하세요.

외항의 곱: 64 , 내항의 곱: 64
⇨ 비례식에서 외항의 곱과 내항의 곱은 (같습니다), 다릅니다).

❺ 옳은 비례식에 ◯표 하세요.

| 21 : 14 = 7 : 2 | 6 : 7 = 42 : 49 |
| ( ) | (◯) |

풀이 비례식에서 외항의 곱과 내항의 곱은 같습니다.

❻ 비례식의 성질을 이용하여 ☐ 안에 알맞은 수를 써넣으세요.

(1) 5 : 8 = 10 : 16   (2) 3 : 15 = 9 : 45

풀이 (1) 5×☐ = 8×10, 5×☐ = 80, ☐ = 16
(2) 3×45 = ☐×9, ☐×9 = 135, ☐ = 15

❼ 5000을 3 : 7로 비례배분하려고 합니다. ☐ 안에 알맞은 수를 써넣으세요.

· $5000 × \frac{3}{10}$ = 1500   · $5000 × \frac{7}{10}$ = 3500

62-63쪽

공부한 날짜 _____ 월 _____ 일

12일 간단한 자연수의 비로 나타내기

이것만 알자
간단한 자연수의 비
➡ 비의 성질을 이용하여 전항과 후항을 간단한 자연수로 만들기

딱지를 재준이는 33개 가지고 있고, 하랑이는 24개 가지고 있습니다. 재준이와 하랑이가 가지고 있는 딱지의 수의 비를 간단한 자연수의 비로 나타내어 보세요.

재준이와 하랑이가 가지고 있는 딱지의 수의 비 ⇨ 33 : 24
33 : 24의 전항과 후항을 3으로 나누면 11 : 8이 됩니다.

답 _11 : 8_

❶ 불고기 양념을 만드는 데 다진 마늘을 $\frac{1}{3}$ 컵 넣었고, 설탕을 $\frac{1}{2}$ 컵 넣었습니다. 불고기 양념을 만드는 데 넣은 다진 마늘의 양과 설탕의 양의 비를 간단한 자연수의 비로 나타내어 보세요.

(예 2 : 3)

풀이 다진 마늘의 양과 설탕의 양의 비 ⇨ $\frac{1}{3} : \frac{1}{2}$
$\frac{1}{3} : \frac{1}{2}$의 전항과 후항에 6을 곱하면 2 : 3이 됩니다.

❷ 희수와 로하가 제자리멀리뛰기를 했습니다. 희수의 기록은 1.2 m이고, 로하의 기록은 1.6 m입니다. 희수의 기록과 로하의 기록의 비를 간단한 자연수의 비로 나타내어 보세요.

(예 3 : 4)

풀이 희수의 기록과 로하의 기록의 비 ⇨ 1.2 : 1.6
1.2 : 1.6의 전항과 후항에 10을 곱하면 12 : 16이 되고,
12 : 16의 전항과 후항을 4로 나누면 3 : 4가 됩니다.

왼쪽 ❶, ❷번과 같이 문제의 핵심 부분에 색칠하고, 문제를 풀어 보세요.

정답 13쪽

❸ 소은이가 피아노 연습을 한 시간은 36분이고, 현정이가 피아노 연습을 한 시간은 30분입니다. 소은이와 현정이가 피아노 연습을 한 시간의 비를 간단한 자연수의 비로 나타내어 보세요.

(예 6 : 5)

풀이 소은이와 현정이가 피아노 연습을 한 시간의 비 ⇨ 36 : 30
36 : 30의 전항과 후항을 6으로 나누면 6 : 5가 됩니다.

❹ 성연이와 진욱이는 같은 책을 1시간 동안 읽었습니다. 성연이는 전체의 $\frac{3}{8}$ 을 읽었고, 진욱이는 전체의 $\frac{1}{4}$ 을 읽었습니다. 성연이와 진욱이가 1시간 동안 읽은 책의 양의 비를 간단한 자연수의 비로 나타내어 보세요.

(예 3 : 2)

풀이 성연이와 진욱이가 1시간 동안 읽은 책의 양의 비 ⇨ $\frac{3}{8} : \frac{1}{4}$
$\frac{3}{8} : \frac{1}{4}$의 전항과 후항에 8을 곱하면 3 : 2가 됩니다.

❺ 집에서 공원까지의 거리는 1.5 km이고, 집에서 수영장까지의 거리는 $1\frac{2}{5}$ km입니다. 집에서 공원까지의 거리와 집에서 수영장까지의 거리의 비를 간단한 자연수의 비로 나타내어 보세요.

(예 15 : 14)

풀이 집에서 공원까지의 거리와 집에서 수영장까지의 거리의 비 ⇨ 1.5 : $1\frac{2}{5}$
$1\frac{2}{5}$ = 1.4이므로 1.5 : 1.4의 전항과 후항에 10을 곱하면 15 : 14가 됩니다.

4 비례식과 비례배분

64-65쪽

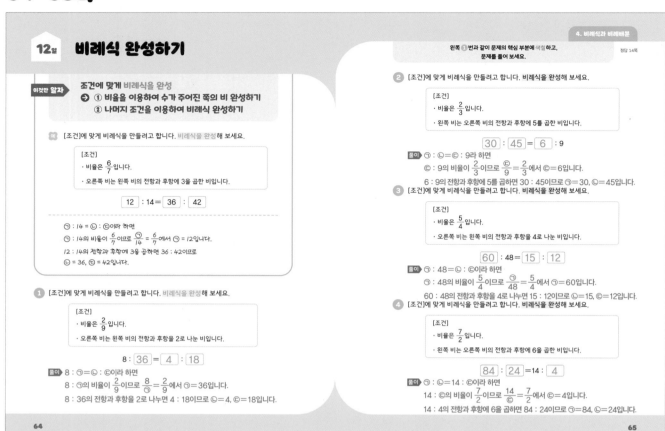

12일 비례식 완성하기

이것만 알자
조건에 맞게 비례식을 완성
➡ ① 비율을 이용하여 수가 주어진 쪽의 비 완성하기
② 나머지 조건을 이용하여 비례식 완성하기

예 [조건]에 맞게 비례식을 만들려고 합니다. 비례식을 완성해 보세요.

[조건]
· 비율은 $\frac{6}{7}$입니다.
· 오른쪽 비는 왼쪽 비의 전항과 후항에 3을 곱한 비입니다.

$$12 : 14 = 36 : 42$$

㉠ : 14 = ㉡ : ㉢이라 하면
㉠ : 14의 비율이 $\frac{6}{7}$이므로 $\frac{㉠}{14} = \frac{6}{7}$에서 ㉠ = 12입니다.
12 : 14의 전항과 후항에 3을 곱하면 36 : 42이므로
㉡ = 36, ㉢ = 42입니다.

1 [조건]에 맞게 비례식을 만들려고 합니다. 비례식을 완성해 보세요.

[조건]
· 비율은 $\frac{2}{9}$입니다.
· 오른쪽 비는 왼쪽 비의 전항과 후항을 2로 나눈 비입니다.

$$8 : 36 = 4 : 18$$

풀이 8 : ㉠ = ㉡ : ㉢이라 하면
8 : ㉠의 비율이 $\frac{2}{9}$이므로 $\frac{8}{㉠} = \frac{2}{9}$에서 ㉠ = 36입니다.
8 : 36의 전항과 후항을 2로 나누면 4 : 18이므로 ㉡ = 4, ㉢ = 18입니다.

왼쪽 ①번과 같이 문제의 핵심 부분에 색칠하고, 문제를 풀어 보세요.   정답 14쪽

4. 비례식과 비례배분

2 [조건]에 맞게 비례식을 만들려고 합니다. 비례식을 완성해 보세요.

[조건]
· 비율은 $\frac{2}{3}$입니다.
· 왼쪽 비는 오른쪽 비의 전항과 후항에 5를 곱한 비입니다.

$$30 : 45 = 6 : 9$$

풀이 ㉠ : ㉡ = ㉢ : 9라 하면
㉢ : 9의 비율이 $\frac{2}{3}$이므로 $\frac{㉢}{9} = \frac{2}{3}$에서 ㉢ = 6입니다.
6 : 9의 전항과 후항에 5를 곱하면 30 : 45이므로 ㉠ = 30, ㉡ = 45입니다.

3 [조건]에 맞게 비례식을 만들려고 합니다. 비례식을 완성해 보세요.

[조건]
· 비율은 $\frac{5}{4}$입니다.
· 오른쪽 비는 왼쪽 비의 전항과 후항을 4로 나눈 비입니다.

$$60 : 48 = 15 : 12$$

풀이 ㉠ : 48 = ㉡ : ㉢이라 하면
㉠ : 48의 비율이 $\frac{5}{4}$이므로 $\frac{㉠}{48} = \frac{5}{4}$에서 ㉠ = 60입니다.
60 : 48의 전항과 후항을 4로 나누면 15 : 12이므로 ㉡ = 15, ㉢ = 12입니다.

4 [조건]에 맞게 비례식을 만들려고 합니다. 비례식을 완성해 보세요.

[조건]
· 비율은 $\frac{7}{2}$입니다.
· 왼쪽 비는 오른쪽 비의 전항과 후항에 6을 곱한 비입니다.

$$84 : 24 = 14 : 4$$

풀이 ㉠ : ㉡ = 14 : ㉢이라 하면
14 : ㉢의 비율이 $\frac{7}{2}$이므로 $\frac{14}{㉢} = \frac{7}{2}$에서 ㉢ = 4입니다.
14 : 4의 전항과 후항에 6을 곱하면 84 : 24이므로 ㉠ = 84, ㉡ = 24입니다.

64

65

66-67쪽

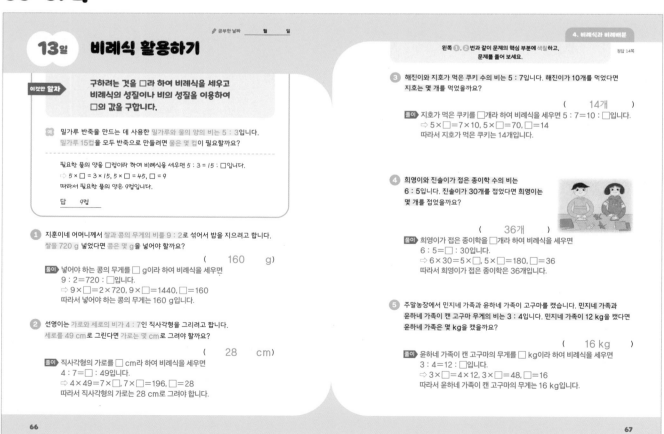

13일 비례식 활용하기

🖊 공부한 날짜   월   일

이것만 알자
구하려는 것을 □라 하여 비례식을 세우고 비례식의 성질이나 비의 성질을 이용하여 □의 값을 구합니다.

예 밀가루 반죽을 만드는 데 사용한 밀가루와 물의 양의 비는 5 : 3입니다. 밀가루 15컵을 모두 반죽으로 만들려면 물은 몇 컵이 필요할까요?

필요한 물의 양을 □컵이라 하여 비례식을 세우면 5 : 3 = 15 : □입니다.
➡ 5 × □ = 3 × 15, 5 × □ = 45, □ = 9
따라서 필요한 물의 양은 9컵입니다.

답   9컵

1 지훈이네 어머니께서 쌀과 콩의 무게의 비를 9 : 2로 섞어서 밥을 지으려고 합니다. 쌀을 720 g 넣었다면 콩은 몇 g을 넣어야 할까요?

(160   g)

풀이 넣어야 하는 콩의 무게를 □ g이라 하여 비례식을 세우면
9 : 2 = 720 : □입니다.
➡ 9 × □ = 2 × 720, 9 × □ = 1440, □ = 160
따라서 넣어야 하는 콩의 무게는 160 g입니다.

2 선영이는 가로와 세로의 비가 4 : 7인 직사각형을 그리려고 합니다. 세로를 49 cm로 그린다면 가로는 몇 cm로 그려야 할까요?

(28   cm)

풀이 직사각형의 가로를 □ cm라 하여 비례식을 세우면
4 : 7 = □ : 49입니다.
➡ 4 × 49 = 7 × □, 7 × □ = 196, □ = 28
따라서 직사각형의 가로는 28 cm로 그려야 합니다.

왼쪽 ①, ②번과 같이 문제의 핵심 부분에 색칠하고, 문제를 풀어 보세요.   정답 14쪽

4. 비례식과 비례배분

3 해진이와 지호가 먹은 쿠키 수의 비는 5 : 7입니다. 해진이가 10개를 먹었다면 지호는 몇 개를 먹었을까요?

(14개   )

풀이 지호가 먹은 쿠키를 □개라 하여 비례식을 세우면 5 : 7 = 10 : □입니다.
➡ 5 × □ = 7 × 10, 5 × □ = 70, □ = 14
따라서 지호가 먹은 쿠키는 14개입니다.

4 희영이와 진솔이가 접은 종이학 수의 비는 6 : 5입니다. 진솔이가 30개를 접었다면 희영이는 몇 개를 접었을까요?

(36개   )

풀이 희영이가 접은 종이학을 □개라 하여 비례식을 세우면
6 : 5 = □ : 30입니다.
➡ 6 × 30 = 5 × □, 5 × □ = 180, □ = 36
따라서 희영이가 접은 종이학은 36개입니다.

5 주말농장에서 민지네 가족과 윤하네 가족이 고구마를 캤습니다. 민지네 가족과 윤하네 가족이 캔 고구마 무게의 비는 3 : 4입니다. 민지네 가족이 12 kg을 캤다면 윤하네 가족은 몇 kg을 캤을까요?

(16 kg   )

풀이 윤하네 가족이 캔 고구마의 무게를 □ kg이라 하여 비례식을 세우면
3 : 4 = 12 : □입니다.
➡ 3 × □ = 4 × 12, 3 × □ = 48, □ = 16
따라서 윤하네 가족이 캔 고구마의 무게는 16 kg입니다.

66

67

14

13일 비례배분하기

이것만 알자

14를 3 : 4로 나누기 ➡

$$14 \times \frac{3}{3+4}$$
$$14 \times \frac{4}{3+4}$$

예 수첩 14권을 하준이와 정우가 3 : 4로 나누어 가지려고 합니다.
하준이와 정우가 각각 몇 권씩 가지게 되는지 구해 보세요.

하준: $14 \times \frac{3}{3+4} = 14 \times \frac{3}{7} = 6$(권)

정우: $14 \times \frac{4}{3+4} = 14 \times \frac{4}{7} = 8$(권)

답 하준: 6권, 정우: 8권

① 사탕 39개를 건우와 지환이가 8 : 5로 나누어 가지려고 합니다.
건우와 지환이가 각각 몇 개씩 가지게 되는지 구해 보세요.

건우 (24개)
지환 (15개)

풀이 건우: $39 \times \frac{8}{8+5} = 39 \times \frac{8}{13} = 24$(개)
지환: $39 \times \frac{5}{8+5} = 39 \times \frac{5}{13} = 15$(개)

② 끈 90 cm를 태윤이와 은우가 2 : 7로 나누어 가지려고 합니다.
태윤이와 은우가 각각 몇 cm씩 가지게 되는지 구해 보세요.

태윤 (20 cm)
은우 (70 cm)

풀이 태윤: $90 \times \frac{2}{2+7} = 90 \times \frac{2}{9} = 20$(cm)
은우: $90 \times \frac{7}{2+7} = 90 \times \frac{7}{9} = 70$(cm)

68

왼쪽 ❶, ❷번과 같이 문제의 핵심 부분에 색칠하고,
문제를 풀어 보세요.

4. 비례식과 비례배분
정답 15쪽

③ 배 36개를 도윤이네 가족과 선우네 가족이 5 : 4로 나누어 가지려고 합니다.
도윤이네 가족과 선우네 가족이 각각 몇 개씩 가지게 되는지 구해 보세요.

도윤이네 가족 (20개)
선우네 가족 (16개)

풀이 도윤이네 가족: $36 \times \frac{5}{5+4} = 36 \times \frac{5}{9} = 20$(개)
선우네 가족: $36 \times \frac{4}{5+4} = 36 \times \frac{4}{9} = 16$(개)

④ 연필 75자루를 민경이와 예린이가 7 : 8로 나누어 가지려고 합니다.
민경이와 예린이가 각각 몇 자루씩 가지게 되는지 구해 보세요.

민경 (35자루)
예린 (40자루)

풀이 민경: $75 \times \frac{7}{7+8} = 75 \times \frac{7}{15} = 35$(자루)
예린: $75 \times \frac{8}{7+8} = 75 \times \frac{8}{15} = 40$(자루)

⑤ 2500원짜리 초콜릿을 사는 데 돈을 준서와 동생이 3 : 2로 나누어 내려고 합니다. 준서와 동생이 각각 얼마씩 내게 되는지 구해 보세요.

준서 (1500원)
동생 (1000원)

풀이 준서: $2500 \times \frac{3}{3+2} = 2500 \times \frac{3}{5} = 1500$(원)
동생: $2500 \times \frac{2}{3+2} = 2500 \times \frac{2}{5} = 1000$(원)

69

14일 마무리하기

✏ 공부한 날짜 월 일   ⏱ 걸린 시간 / 30분 맞은 개수 / 8개

4. 비례식과 비례배분
정답 15쪽

62쪽
① 영빈이가 마신 우유는 $\frac{1}{4}$ L이고, 주호가 마신 우유는 $\frac{1}{5}$ L입니다.
영빈이와 주호가 마신 우유의 양의 비를 간단한 자연수의 비로 나타내어 보세요.

(예 5 : 4)

풀이 영빈이와 주호가 마신 우유의 양의 비 ➡ $\frac{1}{4} : \frac{1}{5}$
$\frac{1}{4} : \frac{1}{5}$의 전항과 후항에 20을 곱하면 5 : 4가 됩니다.

62쪽
② 집에서 학교까지의 거리는 2.1 km이고, 학교에서 우체국까지의 거리는 $1\frac{1}{2}$ km입니다. 집에서 학교까지의 거리와 학교에서 우체국까지의 거리의 비를 간단한 자연수의 비로 나타내어 보세요.

(예 7 : 5)

풀이 집에서 학교까지의 거리와 학교에서 우체국까지의 거리의 비
➡ $2.1 : 1\frac{1}{2}$
$1\frac{1}{2} = 1.5$이므로 2.1 : 1.5의 전항과 후항에 10을 곱하면 21 : 15가 되고, 21 : 15의 전항과 후항을 3으로 나누면 7 : 5가 됩니다.

64쪽
③ [조건]에 맞게 비례식을 만들려고 합니다. 비례식을 완성해 보세요.

[조건]
· 비율은 $\frac{2}{5}$입니다.
· 오른쪽 비는 왼쪽 비의 전항과 후항에 4를 곱한 비입니다.

4 : 10 = 16 : 40

풀이 ㉠ : 10 = ㉡ : ㉢이라 하면
$\frac{㉠}{10} = \frac{2}{5}$에서 ㉠=4입니다.
4 : 10의 전항과 후항에 4를 곱하면 16 : 40이므로 ㉡=16, ㉢=40입니다.

64쪽
④ [조건]에 맞게 비례식을 만들려고 합니다. 비례식을 완성해 보세요.

[조건]
· 비율은 $\frac{1}{8}$입니다.
· 오른쪽 비는 왼쪽 비의 전항과 후항을 3으로 나눈 비입니다.

6 : 48 = 2 : 16

풀이 6 : ㉠ = ㉡ : ㉢이라 하면
$\frac{6}{㉠} = \frac{1}{8}$에서 ㉠=48입니다.
6 : 48의 전항과 후항을 3으로 나누면 2 : 16이므로 ㉡=2, ㉢=16입니다.

66쪽
⑤ 효주는 밑변의 길이와 높이의 비가 9 : 5인 평행사변형을 그리려고 합니다. 밑변의 길이를 27 cm로 그린다면 높이는 몇 cm로 그려야 할까요?

(15 cm)

풀이 평행사변형의 높이를 □ cm라 하여 비례식을 세우면
9 : 5 = 27 : □입니다.
➡ 9 × □ = 5 × 27,
9 × □ = 135, □ = 15
따라서 평행사변형의 높이는 15 cm로 그려야 합니다.

66쪽
⑥ 주말농장에서 성연이네 가족과 규원이네 가족이 수확한 옥수수 무게의 비는 3 : 8입니다. 규원이네 가족이 수확한 옥수수가 48 kg이라면 성연이네 가족이 수확한 옥수수는 몇 kg일까요?

(18 kg)

풀이 성연이네 가족이 수확한 옥수수의 무게를 □ kg이라 하여 비례식을 세우면
3 : 8 = □ : 48입니다.
➡ 3 × 48 = 8 × □,
8 × □ = 144, □ = 18
따라서 성연이네 가족이 수확한 옥수수의 무게는 18 kg입니다.

68쪽
⑦ 리본 56 cm를 지아와 은재가 5 : 2로 나누어 가지려고 합니다. 지아와 은재가 각각 몇 cm씩 가지게 되는지 구해 보세요.

지아 (40 cm)
은재 (16 cm)

풀이 지아: $56 \times \frac{5}{5+2}$
$= 56 \times \frac{5}{7} = 40$(cm)
은재: $56 \times \frac{2}{5+2}$
$= 56 \times \frac{2}{7} = 16$(cm)

⑧ **68쪽**   **도전 문제**

쿠키 24개를 선민이와 다현이가 7 : 5로 나누어 먹었습니다. 선민이는 다현이보다 쿠키를 몇 개 더 많이 먹었는지 구해 보세요.

❶ 선민이와 다현이가 먹은 쿠키의 수
➡ 선민 (14개)
   다현 (10개)

❷ 선민이가 다현이보다 더 많이 먹은 쿠키의 수
➡ (4개)

풀이 ❶ 선민: $24 \times \frac{7}{7+5} = 24 \times \frac{7}{12} = 14$(개)
다현: $24 \times \frac{5}{7+5} = 24 \times \frac{5}{12} = 10$(개)

❷ 선민이는 다현이보다 쿠키를 14−10=4(개) 더 많이 먹었습니다.

70

71

5 원의 둘레와 넓이

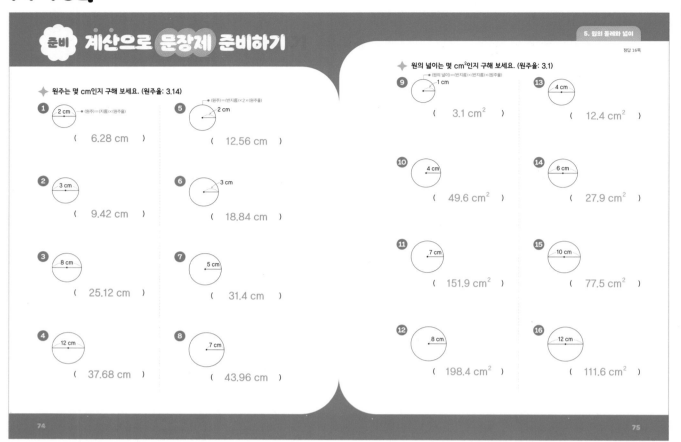

준비 계산으로 문장제 준비하기

5. 원의 둘레와 넓이

정답 16쪽

◆ 원주는 몇 cm인지 구해 보세요. (원주율: 3.14)

1. (2 cm) → (원주)=(지름)×(원주율)
(6.28 cm)

2. (3 cm)
(9.42 cm)

3. (8 cm)
(25.12 cm)

4. (12 cm)
(37.68 cm)

5. (2 cm) (원주)=(반지름)×2×(원주율)
(12.56 cm)

6. (3 cm)
(18.84 cm)

7. (5 cm)
(31.4 cm)

8. (7 cm)
(43.96 cm)

◆ 원의 넓이는 몇 cm²인지 구해 보세요. (원주율: 3.1)

(원의 넓이)=(반지름)×(반지름)×(원주율)

9. (1 cm)
(3.1 cm²)

10. (4 cm)
(49.6 cm²)

11. (7 cm)
(151.9 cm²)

12. (8 cm)
(198.4 cm²)

13. (4 cm)
(12.4 cm²)

14. (6 cm)
(27.9 cm²)

15. (10 cm)
(77.5 cm²)

16. (12 cm)
(111.6 cm²)

74

75

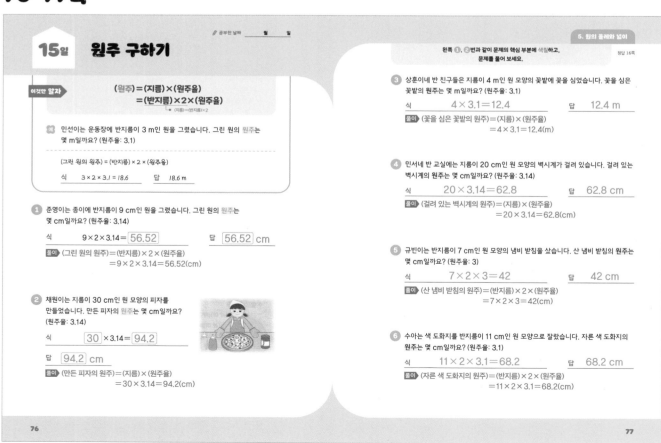

15일 원주 구하기

공부한 날짜 월 일

5. 원의 둘레와 넓이

이것만 알자

(원주)=(지름)×(원주율)
=(반지름)×2×(원주율)
(지름)=(반지름)×2

민선이는 운동장에 반지름이 3 m인 원을 그렸습니다. 그린 원의 원주는 몇 m일까요? (원주율: 3.1)

(그린 원의 원주) = (반지름)×2×(원주율)

식 3×2×3.1=18.6   답 18.6 m

① 준영이는 종이에 반지름이 9 cm인 원을 그렸습니다. 그린 원의 원주는 몇 cm일까요? (원주율: 3.14)

식 9×2×3.14=[56.52]   답 [56.52] cm

풀이 (그린 원의 원주)=(반지름)×2×(원주율)
=9×2×3.14=56.52(cm)

② 채원이는 지름이 30 cm인 원 모양의 피자를 만들었습니다. 만든 피자의 원주는 몇 cm일까요? (원주율: 3.14)

식 [30]×3.14=[94.2]

답 [94.2] cm

풀이 (만든 피자의 원주)=(지름)×(원주율)
=30×3.14=94.2(cm)

왼쪽 ①, ②번과 같이 문제의 핵심 부분에 색칠하고, 문제를 풀어 보세요.

정답 16쪽

③ 상훈이네 반 친구들은 지름이 4 m인 원 모양의 꽃밭에 꽃을 심었습니다. 꽃을 심은 꽃밭의 원주는 몇 m일까요? (원주율: 3.1)

식 4×3.1=12.4   답 12.4 m

풀이 (꽃을 심은 꽃밭의 원주)=(지름)×(원주율)
=4×3.1=12.4(m)

④ 민서네 반 교실에는 지름이 20 cm인 원 모양의 벽시계가 걸려 있습니다. 걸려 있는 벽시계의 원주는 몇 cm일까요? (원주율: 3.14)

식 20×3.14=62.8   답 62.8 cm

풀이 (걸려 있는 벽시계의 원주)=(지름)×(원주율)
=20×3.14=62.8(cm)

⑤ 규빈이는 반지름이 7 cm인 원 모양의 냄비 받침을 샀습니다. 산 냄비 받침의 원주는 몇 cm일까요? (원주율: 3)

식 7×2×3=42   답 42 cm

풀이 (산 냄비 받침의 원주)=(반지름)×2×(원주율)
=7×2×3=42(cm)

⑥ 수아는 색 도화지를 반지름이 11 cm인 원 모양으로 잘랐습니다. 자른 색 도화지의 원주는 몇 cm일까요? (원주율: 3.1)

식 11×2×3.1=68.2   답 68.2 cm

풀이 (자른 색 도화지의 원주)=(반지름)×2×(원주율)
=11×2×3.1=68.2(cm)

76

77

78-79쪽

15일 원이 굴러간 거리 구하기

이것만 알자 원이 1바퀴 굴러간 거리는 원의 원주와 같습니다.

예 정민이는 지름이 60 cm인 원 모양의 굴렁쇠를 2바퀴 굴렸습니다. 굴렁쇠가 굴러간 거리는 몇 cm일까요? (원주율: 3.14)

(굴렁쇠의 원주) = 60 × 3.14 = 188.4(cm)
⇨ (굴렁쇠가 굴러간 거리) = 188.4 × 2 = 376.8(cm)
← 굴렁쇠의 원주

답 376.8 cm

① 다훈이는 지름이 50 cm인 원 모양의 굴렁쇠를 3바퀴 굴렸습니다. 굴렁쇠가 굴러간 거리는 몇 cm일까요? (원주율: 3.1)

(465 cm)

풀이 (굴렁쇠의 원주)=50×3.1=155(cm)
⇨ (굴렁쇠가 굴러간 거리)=155×3=465(cm)

② 수현이는 반지름이 35 cm인 원 모양의 훌라후프를 5바퀴 굴렸습니다. 훌라후프가 굴러간 거리는 몇 cm일까요? (원주율: 3)

(1050 cm)

풀이 (훌라후프의 원주)=35×2×3=210(cm)
⇨ (훌라후프가 굴러간 거리)=210×5=1050(cm)

왼쪽 ①, ②번과 같이 문제의 핵심 부분에 색칠하고, 문제를 풀어 보세요.
정답 17쪽

③ 아영이는 지름이 6 cm인 원 모양의 고리를 7바퀴 굴렸습니다. 고리가 굴러간 거리는 몇 cm일까요? (원주율: 3)

(126 cm)

풀이 (고리의 원주)=6×3=18(cm)
⇨ (고리가 굴러간 거리)=18×7=126(cm)

④ 지효는 지름이 14 cm인 원 모양의 냄비 뚜껑을 4바퀴 굴렸습니다. 냄비 뚜껑이 굴러간 거리는 몇 cm일까요? (원주율: 3.14)

(175.84 cm)

풀이 (냄비 뚜껑의 원주)=14×3.14=43.96(cm)
⇨ (냄비 뚜껑이 굴러간 거리)=43.96×4=175.84(cm)

⑤ 민석이는 지름이 45 cm인 원 모양의 자전거 바퀴를 6바퀴 굴렸습니다. 자전거 바퀴가 굴러간 거리는 몇 cm일까요? (원주율: 3.1)

(837 cm)

풀이 (자전거 바퀴의 원주)=45×3.1=139.5(cm)
⇨ (자전거 바퀴가 굴러간 거리)=139.5×6=837(cm)

⑥ 해성이는 반지름이 32 cm인 원 모양의 튜브를 8바퀴 굴렸습니다. 튜브가 굴러간 거리는 몇 cm일까요? (원주율: 3)

(1536 cm)

풀이 (튜브의 원주)=32×2×3=192(cm)
⇨ (튜브가 굴러간 거리)=192×8=1536(cm)

80-81쪽

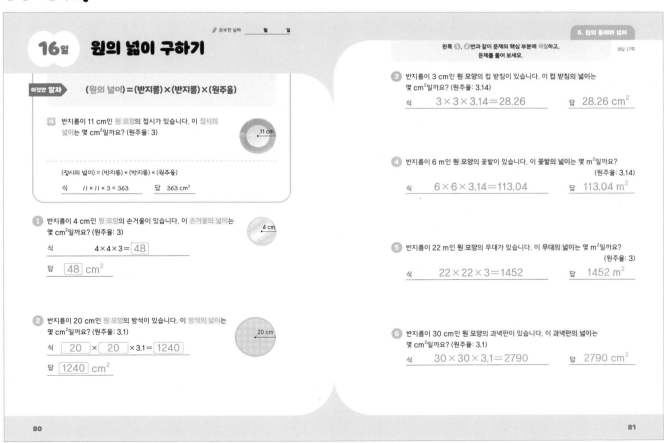

✎ 공부한 날짜   월   일

16일 원의 넓이 구하기

이것만 알자 (원의 넓이)＝(반지름)×(반지름)×(원주율)

예 반지름이 11 cm인 원 모양의 접시가 있습니다. 이 접시의 넓이는 몇 cm²일까요? (원주율: 3)

11 cm

(접시의 넓이) = (반지름) × (반지름) × (원주율)
식 11×11×3＝363   답 363 cm²

① 반지름이 4 cm인 원 모양의 손거울이 있습니다. 이 손거울의 넓이는 몇 cm²일까요? (원주율: 3)

4 cm

식 4×4×3＝ 48

답 48 cm²

② 반지름이 20 cm인 원 모양의 방석이 있습니다. 이 방석의 넓이는 몇 cm²일까요? (원주율: 3.1)

20 cm

식 20 × 20 ×3.1＝ 1240

답 1240 cm²

왼쪽 ①, ②번과 같이 문제의 핵심 부분에 색칠하고, 문제를 풀어 보세요.
정답 17쪽

③ 반지름이 3 cm인 원 모양의 컵 받침이 있습니다. 이 컵 받침의 넓이는 몇 cm²일까요? (원주율: 3.14)

식 3×3×3.14＝28.26   답 28.26 cm²

④ 반지름이 6 m인 원 모양의 꽃밭이 있습니다. 이 꽃밭의 넓이는 몇 m²일까요? (원주율: 3.14)

식 6×6×3.14＝113.04   답 113.04 m²

⑤ 반지름이 22 m인 원 모양의 무대가 있습니다. 이 무대의 넓이는 몇 m²일까요? (원주율: 3)

식 22×22×3＝1452   답 1452 m²

⑥ 반지름이 30 cm인 원 모양의 과녁판이 있습니다. 이 과녁판의 넓이는 몇 cm²일까요? (원주율: 3.1)

식 30×30×3.1＝2790   답 2790 cm²

5 원의 둘레와 넓이

82-83쪽

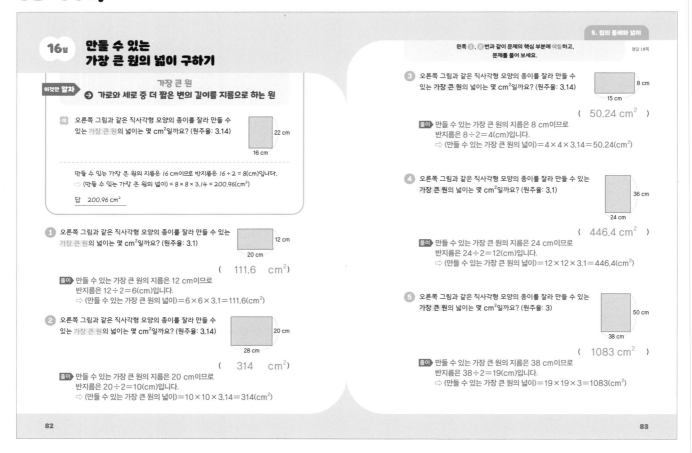

16일 만들 수 있는
가장 큰 원의 넓이 구하기

이것만 알자 → 가장 큰 원
가로와 세로 중 더 짧은 변의 길이를 지름으로 하는 원

예 오른쪽 그림과 같은 직사각형 모양의 종이를 잘라 만들 수 있는 **가장 큰 원**의 넓이는 몇 cm²일까요? (원주율: 3.14)

22 cm
16 cm

만들 수 있는 가장 큰 원의 지름은 16 cm이므로 반지름은 16 ÷ 2 = 8(cm)입니다.
⇨ (만들 수 있는 가장 큰 원의 넓이) = 8 × 8 × 3.14 = 200.96(cm²)

답 200.96 cm²

1 오른쪽 그림과 같은 직사각형 모양의 종이를 잘라 만들 수 있는 가장 큰 원의 넓이는 몇 cm²일까요? (원주율: 3.1)

12 cm
20 cm

(111.6 cm²)

풀이 만들 수 있는 가장 큰 원의 지름은 12 cm이므로
반지름은 12 ÷ 2 = 6(cm)입니다.
⇨ (만들 수 있는 가장 큰 원의 넓이) = 6 × 6 × 3.1 = 111.6(cm²)

2 오른쪽 그림과 같은 직사각형 모양의 종이를 잘라 만들 수 있는 가장 큰 원의 넓이는 몇 cm²일까요? (원주율: 3.14)

20 cm
28 cm

(314 cm²)

풀이 만들 수 있는 가장 큰 원의 지름은 20 cm이므로
반지름은 20 ÷ 2 = 10(cm)입니다.
⇨ (만들 수 있는 가장 큰 원의 넓이) = 10 × 10 × 3.14 = 314(cm²)

왼쪽 **1**, **2**번과 같이 문제의 핵심 부분에 색칠하고,
문제를 풀어 보세요.

정답 18쪽

3 오른쪽 그림과 같은 직사각형 모양의 종이를 잘라 만들 수 있는 가장 큰 원의 넓이는 몇 cm²일까요? (원주율: 3.14)

8 cm
15 cm

(50.24 cm²)

풀이 만들 수 있는 가장 큰 원의 지름은 8 cm이므로
반지름은 8 ÷ 2 = 4(cm)입니다.
⇨ (만들 수 있는 가장 큰 원의 넓이) = 4 × 4 × 3.14 = 50.24(cm²)

4 오른쪽 그림과 같은 직사각형 모양의 종이를 잘라 만들 수 있는 가장 큰 원의 넓이는 몇 cm²일까요? (원주율: 3.1)

36 cm
24 cm

(446.4 cm²)

풀이 만들 수 있는 가장 큰 원의 지름은 24 cm이므로
반지름은 24 ÷ 2 = 12(cm)입니다.
⇨ (만들 수 있는 가장 큰 원의 넓이) = 12 × 12 × 3.1 = 446.4(cm²)

5 오른쪽 그림과 같은 직사각형 모양의 종이를 잘라 만들 수 있는 가장 큰 원의 넓이는 몇 cm²일까요? (원주율: 3)

50 cm
38 cm

(1083 cm²)

풀이 만들 수 있는 가장 큰 원의 지름은 38 cm이므로
반지름은 38 ÷ 2 = 19(cm)입니다.
⇨ (만들 수 있는 가장 큰 원의 넓이) = 19 × 19 × 3 = 1083(cm²)

82

83

84-85쪽

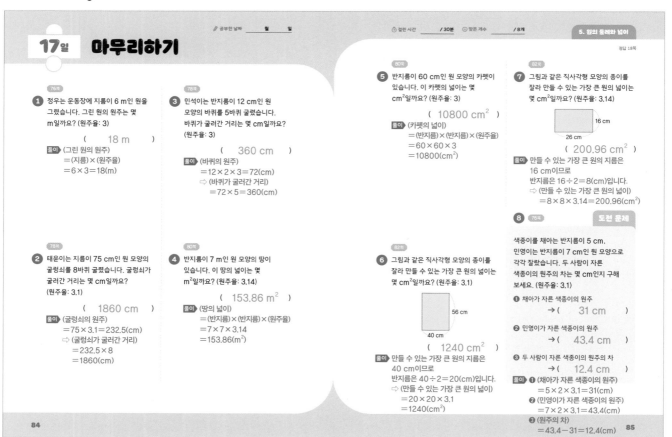

17일 마무리하기

공부한 날짜 __월__ __일__

걸린 시간 / 30분   맞은 개수 / 8개

정답 18쪽

1 (76쪽) 정우는 운동장에 지름이 6 m인 원을 그렸습니다. 그린 원의 원주는 몇 m일까요? (원주율: 3)

(18 m)

풀이 (그린 원의 원주)
= (지름) × (원주율)
= 6 × 3 = 18(m)

2 (78쪽) 태윤이는 지름이 75 cm인 원 모양의 굴렁쇠를 8바퀴 굴렸습니다. 굴렁쇠가 굴러간 거리는 몇 cm일까요? (원주율: 3.1)

(1860 cm)

풀이 (굴렁쇠의 원주)
= 75 × 3.1 = 232.5(cm)
⇨ (굴렁쇠가 굴러간 거리)
= 232.5 × 8
= 1860(cm)

3 (78쪽) 민석이는 반지름이 12 cm인 원 모양의 바퀴를 5바퀴 굴렸습니다. 바퀴가 굴러간 거리는 몇 cm일까요? (원주율: 3)

(360 cm)

풀이 (바퀴의 원주)
= 12 × 2 × 3 = 72(cm)
⇨ (바퀴가 굴러간 거리)
= 72 × 5 = 360(cm)

4 (80쪽) 반지름이 7 m인 원 모양의 땅이 있습니다. 이 땅의 넓이는 몇 m²일까요? (원주율: 3.14)

(153.86 m²)

풀이 (땅의 넓이)
= (반지름) × (반지름) × (원주율)
= 7 × 7 × 3.14
= 153.86(m²)

5 (80쪽) 반지름이 60 cm인 원 모양의 카펫이 있습니다. 이 카펫의 넓이는 몇 cm²일까요? (원주율: 3)

(10800 cm²)

풀이 (카펫의 넓이)
= (반지름) × (반지름) × (원주율)
= 60 × 60 × 3
= 10800(cm²)

6 (82쪽) 그림과 같은 직사각형 모양의 종이를 잘라 만들 수 있는 가장 큰 원의 넓이는 몇 cm²일까요? (원주율: 3.1)

56 cm
40 cm

(1240 cm²)

풀이 만들 수 있는 가장 큰 원의 지름은 40 cm이므로
반지름은 40 ÷ 2 = 20(cm)입니다.
⇨ (만들 수 있는 가장 큰 원의 넓이)
= 20 × 20 × 3.1
= 1240(cm²)

7 (82쪽) 그림과 같은 직사각형 모양의 종이를 잘라 만들 수 있는 가장 큰 원의 넓이는 몇 cm²일까요? (원주율: 3.14)

16 cm
26 cm

(200.96 cm²)

풀이 만들 수 있는 가장 큰 원의 지름은 16 cm이므로
반지름은 16 ÷ 2 = 8(cm)입니다.
⇨ (만들 수 있는 가장 큰 원의 넓이)
= 8 × 8 × 3.14 = 200.96(cm²)

8 (76쪽) **도전 문제**

색종이를 채아는 반지름이 5 cm, 민영이는 반지름이 7 cm인 원 모양으로 각각 잘랐습니다. 두 사람이 자른 색종이의 원주의 차는 몇 cm인지 구해 보세요. (원주율: 3.1)

❶ 채아가 자른 색종이의 원주
→ (31 cm)

❷ 민영이가 자른 색종이의 원주
→ (43.4 cm)

❸ 두 사람이 자른 색종이의 원주의 차
→ (12.4 cm)

풀이 ❶ (채아가 자른 색종이의 원주)
= 5 × 2 × 3.1 = 31(cm)
❷ (민영이가 자른 색종이의 원주)
= 7 × 2 × 3.1 = 43.4(cm)
❸ (원주의 차)
= 43.4 − 31 = 12.4(cm)

84

85

6 원기둥, 원뿔, 구

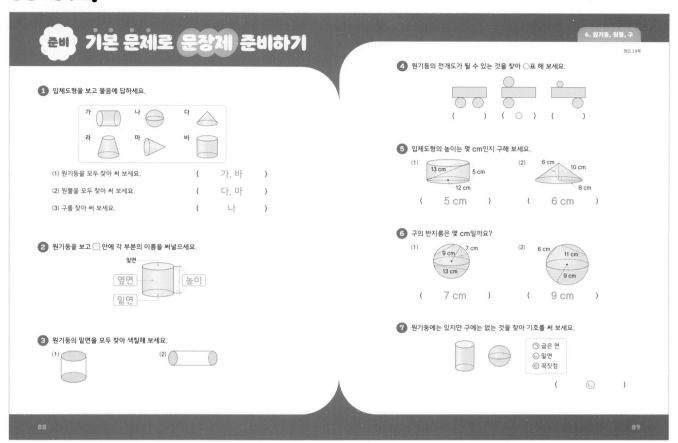

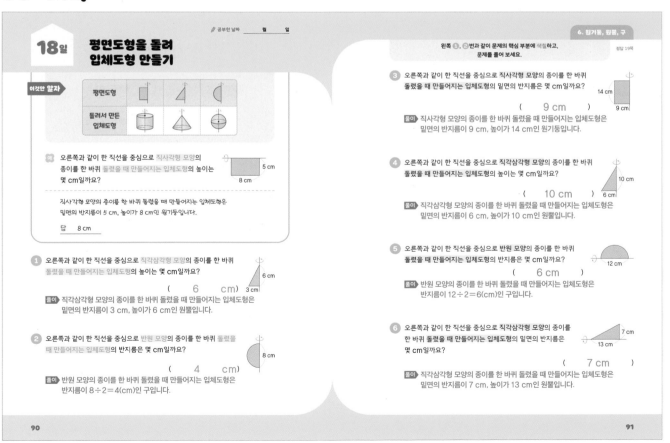

6 원기둥, 원뿔, 구

92-93쪽

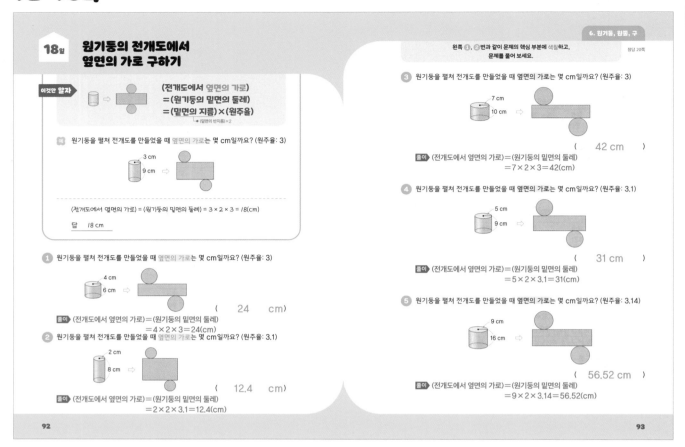

18일 원기둥의 전개도에서 옆면의 가로 구하기

이것만 알자
(전개도에서 옆면의 가로)
=(원기둥의 밑면의 둘레)
=(밑면의 지름)×(원주율)
• (밑면의 반지름)×2

원기둥을 펼쳐 전개도를 만들었을 때 옆면의 가로는 몇 cm일까요? (원주율: 3)

(전개도에서 옆면의 가로) = (원기둥의 밑면의 둘레) = 3×2×3 = 18(cm)

답 18 cm

① 원기둥을 펼쳐 전개도를 만들었을 때 옆면의 가로는 몇 cm일까요? (원주율: 3)

(24 cm)

풀이 (전개도에서 옆면의 가로)=(원기둥의 밑면의 둘레)
=4×2×3=24(cm)

② 원기둥을 펼쳐 전개도를 만들었을 때 옆면의 가로는 몇 cm일까요? (원주율: 3.1)

(12.4 cm)

풀이 (전개도에서 옆면의 가로)=(원기둥의 밑면의 둘레)
=2×2×3.1=12.4(cm)

왼쪽 ①, ②번과 같이 문제의 핵심 부분에 색칠하고, 문제를 풀어 보세요.

정답 20쪽

③ 원기둥을 펼쳐 전개도를 만들었을 때 옆면의 가로는 몇 cm일까요? (원주율: 3)

(42 cm)

풀이 (전개도에서 옆면의 가로)=(원기둥의 밑면의 둘레)
=7×2×3=42(cm)

④ 원기둥을 펼쳐 전개도를 만들었을 때 옆면의 가로는 몇 cm일까요? (원주율: 3.1)

(31 cm)

풀이 (전개도에서 옆면의 가로)=(원기둥의 밑면의 둘레)
=5×2×3.1=31(cm)

⑤ 원기둥을 펼쳐 전개도를 만들었을 때 옆면의 가로는 몇 cm일까요? (원주율: 3.14)

(56.52 cm)

풀이 (전개도에서 옆면의 가로)=(원기둥의 밑면의 둘레)
=9×2×3.14=56.52(cm)

94-95쪽

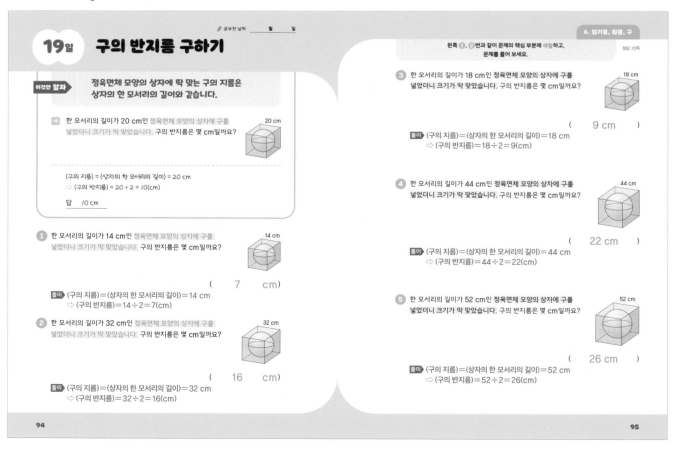

공부한 날짜 월 일

19일 구의 반지름 구하기

이것만 알자
정육면체 모양의 상자에 딱 맞는 구의 지름은 상자의 한 모서리의 길이와 같습니다.

예 한 모서리의 길이가 20 cm인 정육면체 모양의 상자에 구를 넣었더니 크기가 딱 맞았습니다. 구의 반지름은 몇 cm일까요?

20 cm

(구의 지름) = (상자의 한 모서리의 길이) = 20 cm
⇨ (구의 반지름) = 20 ÷ 2 = 10(cm)

답 10 cm

① 한 모서리의 길이가 14 cm인 정육면체 모양의 상자에 구를 넣었더니 크기가 딱 맞았습니다. 구의 반지름은 몇 cm일까요?

14 cm

(7 cm)

풀이 (구의 지름)=(상자의 한 모서리의 길이)=14 cm
⇨ (구의 반지름)=14÷2=7(cm)

② 한 모서리의 길이가 32 cm인 정육면체 모양의 상자에 구를 넣었더니 크기가 딱 맞았습니다. 구의 반지름은 몇 cm일까요?

32 cm

(16 cm)

풀이 (구의 지름)=(상자의 한 모서리의 길이)=32 cm
⇨ (구의 반지름)=32÷2=16(cm)

왼쪽 ①, ②번과 같이 문제의 핵심 부분에 색칠하고, 문제를 풀어 보세요.

정답 20쪽

③ 한 모서리의 길이가 18 cm인 정육면체 모양의 상자에 구를 넣었더니 크기가 딱 맞았습니다. 구의 반지름은 몇 cm일까요?

18 cm

(9 cm)

풀이 (구의 지름)=(상자의 한 모서리의 길이)=18 cm
⇨ (구의 반지름)=18÷2=9(cm)

④ 한 모서리의 길이가 44 cm인 정육면체 모양의 상자에 구를 넣었더니 크기가 딱 맞았습니다. 구의 반지름은 몇 cm일까요?

44 cm

(22 cm)

풀이 (구의 지름)=(상자의 한 모서리의 길이)=44 cm
⇨ (구의 반지름)=44÷2=22(cm)

⑤ 한 모서리의 길이가 52 cm인 정육면체 모양의 상자에 구를 넣었더니 크기가 딱 맞았습니다. 구의 반지름은 몇 cm일까요?

52 cm

(26 cm)

풀이 (구의 지름)=(상자의 한 모서리의 길이)=52 cm
⇨ (구의 반지름)=52÷2=26(cm)

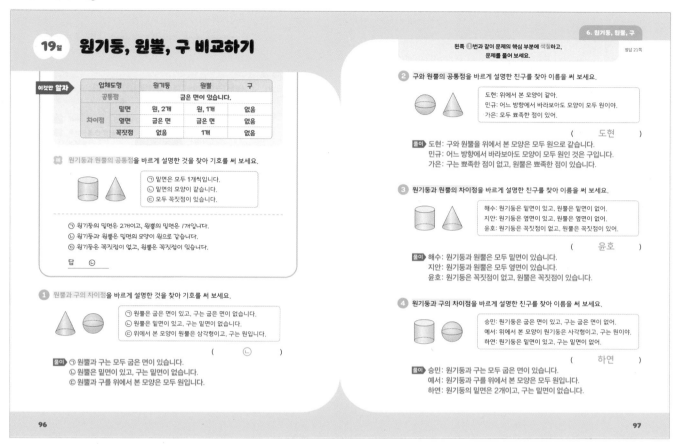

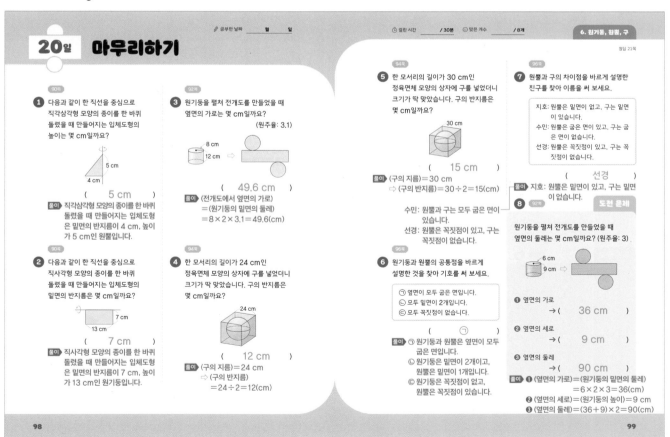

실력 평가

100-101쪽 ❶ 계산 결과를 기약분수나 대분수로 나타내지 않아도 정답으로 인정합니다.

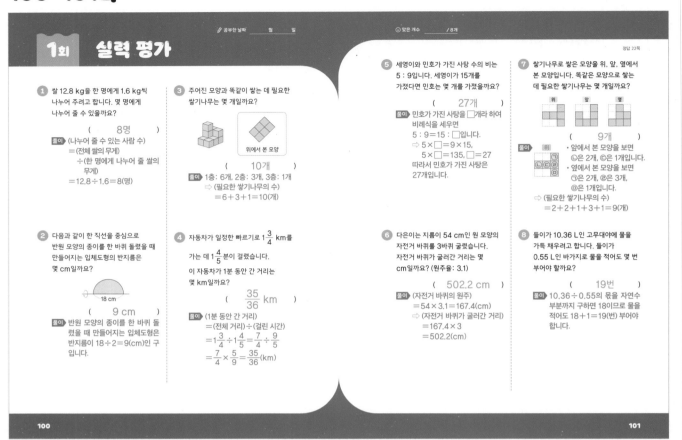

1회 실력 평가

✎ 공부한 날짜   월   일   ☺ 맞은 개수 _____ /8개

정답 22쪽

1 쌀 12.8 kg을 한 명에게 1.6 kg씩 나누어 주려고 합니다. 몇 명에게 나누어 줄 수 있을까요?

(8명)

풀이 (나누어 줄 수 있는 사람 수)
=(전체 쌀의 무게)
÷(한 명에게 나누어 줄 쌀의 무게)
=12.8÷1.6=8(명)

2 다음과 같이 한 직선을 중심으로 반원 모양의 종이를 한 바퀴 돌렸을 때 만들어지는 입체도형의 반지름은 몇 cm일까요?

18 cm

(9 cm)

풀이 반원 모양의 종이를 한 바퀴 돌렸을 때 만들어지는 입체도형은 반지름이 18÷2=9(cm)인 구입니다.

3 주어진 모양과 똑같이 쌓는 데 필요한 쌓기나무는 몇 개일까요?

위에서 본 모양

(10개)

풀이 1층: 6개, 2층: 3개, 3층: 1개
⇨ (필요한 쌓기나무의 수)
=6+3+1=10(개)

4 자동차가 일정한 빠르기로 $1\frac{3}{4}$ km를 가는 데 $1\frac{4}{5}$ 분이 걸렸습니다. 이 자동차가 1분 동안 간 거리는 몇 km일까요?

($\frac{35}{36}$ km)

풀이 (1분 동안 간 거리)
=(전체 거리)÷(걸린 시간)
=$1\frac{3}{4}÷1\frac{4}{5}=\frac{7}{4}÷\frac{9}{5}$
=$\frac{7}{4}×\frac{5}{9}=\frac{35}{36}$(km)

5 세영이와 민호가 가진 사탕 수의 비는 5 : 9입니다. 세영이가 15개를 가졌다면 민호는 몇 개를 가졌을까요?

(27개)

풀이 민호가 가진 사탕을 □개라 하여 비례식을 세우면
5 : 9=15 : □입니다.
⇨ 5×□=9×15,
5×□=135, □=27
따라서 민호가 가진 사탕은 27개입니다.

6 다은이는 지름이 54 cm인 원 모양의 자전거 바퀴를 3바퀴 굴렸습니다. 자전거 바퀴가 굴러간 거리는 몇 cm일까요? (원주율: 3.1)

(502.2 cm)

풀이 (자전거 바퀴의 원주)
=54×3.1=167.4(cm)
⇨ (자전거 바퀴가 굴러간 거리)
=167.4×3
=502.2(cm)

7 쌓기나무로 쌓은 모양을 위, 앞, 옆에서 본 모양입니다. 똑같은 모양으로 쌓는 데 필요한 쌓기나무는 몇 개일까요?

위   앞   옆

(9개)

풀이
위
• 앞에서 본 모양을 보면
ⓒ은 2개, ⓒ은 1개입니다.
• 옆에서 본 모양을 보면
㉠은 2개, ㉣은 3개,
㉤은 1개입니다.
⇨ (필요한 쌓기나무의 수)
=2+2+1+3+1=9(개)

8 들이가 10.36 L인 고무대야에 물을 가득 채우려고 합니다. 들이가 0.55 L인 바가지로 물을 적어도 몇 번 부어야 할까요?

(19번)

풀이 10.36÷0.55의 몫을 자연수 부분까지 구하면 18이므로 물을 적어도 18+1=19(번) 부어야 합니다.

102-103쪽 ❶ 계산 결과를 기약분수나 대분수로 나타내지 않아도 정답으로 인정합니다.

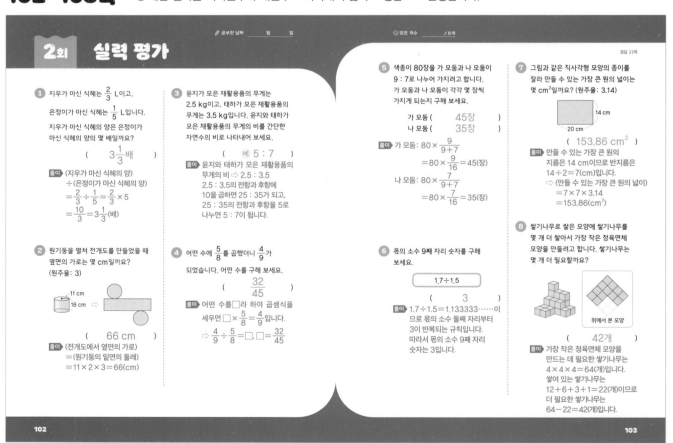

2회 실력 평가

✎ 공부한 날짜   월   일   ☺ 맞은 개수 _____ /8개

정답 22쪽

1 지우가 마신 식혜는 $\frac{2}{3}$ L이고, 은정이가 마신 식혜는 $\frac{1}{5}$ L입니다. 지우가 마신 식혜의 양은 은정이가 마신 식혜의 양의 몇 배일까요?

($3\frac{1}{3}$ 배)

풀이 (지우가 마신 식혜의 양)
÷(은정이가 마신 식혜의 양)
=$\frac{2}{3}÷\frac{1}{5}=\frac{2}{3}×5$
=$\frac{10}{3}=3\frac{1}{3}$(배)

2 원기둥을 펼쳐 전개도를 만들었을 때 옆면의 가로는 몇 cm일까요?
(원주율: 3)

11 cm
18 cm ⇨

(66 cm)

풀이 (전개도에서 옆면의 가로)
=(원기둥의 밑면의 둘레)
=11×2×3=66(cm)

3 윤지가 모은 재활용품의 무게는 2.5 kg이고, 태하가 모은 재활용품의 무게는 3.5 kg입니다. 윤지와 태하가 모은 재활용품의 무게의 비를 간단한 자연수의 비로 나타내어 보세요.

(예 5 : 7)

풀이 윤지와 태하가 모은 재활용품의 무게의 비 ⇨ 2.5 : 3.5
2.5 : 3.5의 전항과 후항에 10을 곱하면 25 : 35가 되고, 25 : 35의 전항과 후항을 5로 나누면 5 : 7이 됩니다.

4 어떤 수에 $\frac{5}{8}$ 를 곱했더니 $\frac{4}{9}$ 가 되었습니다. 어떤 수를 구해 보세요.

($\frac{32}{45}$)

풀이 어떤 수를 □라 하여 곱셈식을 세우면 □×$\frac{5}{8}=\frac{4}{9}$입니다.
⇨ $\frac{4}{9}÷\frac{5}{8}=$□, □$=\frac{32}{45}$

5 색종이 80장을 가 모둠과 나 모둠이 9 : 7로 나누어 가지려고 합니다. 가 모둠과 나 모둠이 각각 몇 장씩 가지게 되는지 구해 보세요.

가 모둠 (45장)
나 모둠 (35장)

풀이 가 모둠: 80×$\frac{9}{9+7}$
=80×$\frac{9}{16}$=45(장)
나 모둠: 80×$\frac{7}{9+7}$
=80×$\frac{7}{16}$=35(장)

6 몫의 소수 9째 자리 숫자를 구해 보세요.

1.7÷1.5

(3)

풀이 1.7÷1.5=1.133333……이므로 몫의 소수 둘째 자리부터 3이 반복되는 규칙입니다. 따라서 몫의 소수 9째 자리 숫자는 3입니다.

7 그림과 같은 직사각형 모양의 종이를 잘라 만들 수 있는 가장 큰 원의 넓이는 몇 cm²일까요? (원주율: 3.14)

14 cm
20 cm

(153.86 cm²)

풀이 만들 수 있는 가장 큰 원의 지름은 14 cm이므로 반지름은 14÷2=7(cm)입니다.
⇨ (만들 수 있는 가장 큰 원의 넓이)
=7×7×3.14
=153.86(cm²)

8 쌓기나무로 쌓은 모양에 쌓기나무를 몇 개 더 쌓아서 가장 작은 정육면체 모양을 만들려고 합니다. 쌓기나무는 몇 개 더 필요할까요?

위에서 본 모양

(42개)

풀이 가장 작은 정육면체 모양을 만드는 데 필요한 쌓기나무는 4×4×4=64(개)입니다.
쌓여 있는 쌓기나무는 12+6+3+1=22(개)이므로 더 필요한 쌓기나무는 64-22=42(개)입니다.

MEMO

MEMO

대표전화 1544-0554
주소 서울특별시 구로구 디지털로33길 48 대륭포스트타워 7차 20층
협의 없는 무단 복제는 법으로 금지되어 있습니다.